计算机专业·任务驱动应用型教材

多媒体技术与应用

丁 华 张晓利 张 影 主编

电子工业出版社
Publishing House of Electronics Industry
北京·BEIJING

内 容 简 介

本书介绍了多种多媒体应用软件的使用方法和技巧，全书分为 5 个项目，全面、详细地介绍了 Photoshop 2022、Audition 2022、Animate 2022 及 Premiere Pro 2022 的特点、功能、使用方法和技巧等。具体内容包括多媒体技术概述、图形图像技术与应用、音频技术与应用、动画技术与应用、视频技术与应用。

本书实例丰富，内容翔实，操作方法简单易学，不仅适合计算机相关专业大中专学生作为教材学习使用，也可供对多媒体技术感兴趣的初、中级读者及相关专业人士参考。

本书附有电子资料，内容为书中所有实例源文件、软件操作过程录屏动画及授课 PPT，另外附赠大量其他实例素材，供读者在学习过程中使用。

未经许可，不得以任何方式复制或抄袭本书之部分或全部内容。
版权所有，侵权必究。

图书在版编目（CIP）数据

多媒体技术与应用 / 丁华，张晓利，张影主编. —北京：电子工业出版社，2022.11（2024.8 重印）
ISBN 978-7-121-43862-2

Ⅰ. ①多… Ⅱ. ①丁… ②张… ③张… Ⅲ. ①多媒体技术 Ⅳ. ①TP37

中国版本图书馆 CIP 数据核字（2022）第 116935 号

责任编辑：王昭松
印　　刷：固安县铭成印刷有限公司
装　　订：固安县铭成印刷有限公司
出版发行：电子工业出版社
　　　　　北京市海淀区万寿路 173 信箱　邮编 100036
开　　本：787×1 092　1/16　印张：14.25　字数：364.8 千字
版　　次：2022 年 11 月第 1 版
印　　次：2024 年 8 月第 2 次印刷
印　　数：3 000 册　定价：68.00 元

凡所购买电子工业出版社图书有缺损问题，请向购买书店调换。若书店售缺，请与本社发行部联系，联系及邮购电话：（010）88254888，88258888。
质量投诉请发邮件至 zlts@phei.com.cn，盗版侵权举报请发邮件至 dbqq@phei.com.cn。
本书咨询联系方式：（010）88254015，wangzs@phei.com.cn，QQ83169290。

PREFACE
前言

多媒体技术是当今信息技术领域发展最快、最活跃的技术之一，是新一代电子技术发展和竞争的焦点。多媒体技术借助日益普及的高速信息网，可实现计算机的全球联网和信息资源共享，因此被广泛应用于娱乐、咨询服务、图书、教育、通信、军事、金融、医疗等诸多行业，正潜移默化地改变着我们的生活。

本书选取 Photoshop 2022、Audition 2022、Animate 2022 及 Premiere Pro 2022 这 4 款最流行、最新版本的软件，分别介绍了图形图像处理、音频处理、动画制作和视频处理等多媒体应用方面的知识。

➡ 一、本书特点

☑ 实例丰富

本书的实例不管是数量还是种类，都非常丰富。从数量上说，本书结合大量的多媒体技术应用实例，详细讲解了各种多媒体技术应用软件的知识要点，让读者在学习案例的过程中潜移默化地掌握多媒体技术应用软件的操作技巧。

☑ 突出提升技能

本书从全面提升多媒体技术实际应用能力的角度出发，结合大量的案例来讲解如何运用各种多媒体技术应用软件，使读者了解多媒体技术并能够独立地完成各种多媒体技术应用操作。

本书中有很多实例本身就是多媒体技术应用项目案例，经过作者精心提炼和改编，不仅保证了读者能够学好知识点，更重要的是能够帮助读者掌握实际的操作技能，同时培养多媒体技术应用实践能力。

☑ 技能与思政教育紧密结合

在讲解多媒体技术应用专业知识的同时，紧密结合思政教育主旋律，从专业知识角度触类旁通地引导学生相关思政品质的提升。

☑ 项目式教学，实操性强

本书的编者都是高校从事多媒体技术应用教学研究多年的一线人员，具有丰富的教学实践经验与教材编写经验，多年的教学工作使他们能够准确地把握学生的心理与实际需求，前期出版的一些相关书籍经过市场检验很受读者欢迎。本书编者在总结多年的教学经验及教学心得的基础上精心编排，力求全面、细致地展现多媒体技术应用软件的各种功能和使用方法。

全书采用项目式教学方法,把多媒体技术应用知识分解并融入一个个实践操作的训练项目中,增强了本书的实用性。

➡ 二、本书的基本内容

全书分为 5 个项目,全面、详细地介绍了 Photoshop 2022、Audition 2022、Animate 2022 及 Premiere Pro 2022 的特点、功能、使用方法和技巧等。具体内容包括多媒体技术概述、图形图像技术与应用、音频技术与应用、动画技术与应用、视频技术与应用。

➡ 三、关于本书的服务

为了方便各学校师生使用本书,随书配赠多媒体电子资源,内容为 PPT、书中所有实例的源文件,以及软件操作过程录屏,另外附赠大量其他实例素材。读者可以登录华信教育资源网(网址为 www.hxedu.com.cn)注册后免费下载。

本书由陕西交通职业技术学院的丁华、济源职业技术学院的张晓利、鹤岗师范高等专科学校的张影担任主编,平顶山工业职业技术学院的牛晓灵、四川长江职业学院的涂立利、苏州百年职业学院的金叶担任副主编。本书的编写和出版得到了河北军创家园文化发展有限公司的大力支持和帮助,值此图书出版发行之际,向他们表示衷心的感谢。

编　者

CONTENTS 目录

项目一 多媒体技术概述

任务 1　多媒体技术及其特点　/1
任务 2　多媒体计算机系统　/4
任务 3　多媒体数据压缩技术　/7
任务 4　多媒体技术的应用与发展　/8
项目总结　/10

项目二 图形图像技术与应用

任务 1　图形图像基础　/11
任务 2　Photoshop 2022 基础　/16
任务 3　图像操作与编辑　/26
　　案例——人物照片的变换　/31
　　案例——汽车变色　/33
任务 4　图层、通道和滤镜　/34
　　案例——制作不透明度效果　/37
　　案例——制作投影效果　/39
　　案例——向日葵宝宝　/41
　　案例——为模特添加背景　/44
　　案例——飞盘消失　/50
　　案例——制作背景　/53
　　案例——绚丽多彩的背景　/55
项目总结　/60
项目实战　/60
　　实战一　制作黏液　/60
　　实战二　广告　/62

项目三
音频技术与应用

　　任务1　音频基础　/66
　　任务2　Audition 2022 基础　/69
　　任务3　音频的录制与编辑　/81
　　任务4　音频的效果处理　/88
　　　　案例——使声音有磁性　/90
　　　　案例——制作电话音效　/91
　　　　案例——让声音更好听　/93
　　　　案例——去除噪声　/95
　　　　案例——火车驶过离去　/98
　　　　案例——制作收音机音效　/101
　　　　案例——歌曲制作伴奏　/103
　　　　案例——卡带　/105
　　　　案例——女声转变为男声　/106
　　项目总结　/107
　　项目实战　/108
　　　　实战一　去除音频中的杂音　/108
　　　　实战二　提取人声　/109

项目四
动画技术与应用

　　任务1　动画基础　/110
　　任务2　Animate 2022 基础　/112
　　　　案例——闪烁的五角星　/121
　　　　案例——艺术相框　/127
　　　　案例——制作花朵元件　/130
　　　　案例——水中花　/135
　　任务3　动画制作　/137
　　　　案例——转动的时钟　/137
　　　　案例——缩放文字　/141
　　　　案例——文字变形　/142
　　　　案例——小球环绕　/143
　　　　案例——探照灯效果　/147
　　　　案例——行驶的汽车　/148

　　　　　任务 4　发布与输出　/151
　　　项目总结　/156
　　　项目实战　/156
　　　　　实战一　色彩动画　/156
　　　　　实战二　游戏网站引导动画　/157

项目五
视频技术与应用

任务 1　视频基础　/160
任务 2　Premiere Pro 2022 基础　/163
任务 3　动画制作　/173
　　案例——发光的水晶球　/177
　　案例——蝶舞翩翩　/180
任务 4　视频处理　/185
　　案例——取消链接音频和视频　/185
　　案例——分割视频　/186
　　案例——设置标记　/188
　　案例——使用效果面板添加过渡　/189
　　案例——制作海底探秘　/193
　　案例——模糊特定区域　/195
　　案例——音乐厅环绕声混响　/198
任务 5　字幕制作　/201
　　案例——诗文　/204
任务 6　输出　/207
　　案例——渲染入点到出点　/208
　　案例——导出为 MP4 格式　/212
项目总结　/213
项目实战　/214
　　实战一　演唱会舞台　/214
　　实战二　魔幻戒指　/217

项目一

多媒体技术概述

思政目标

➢ 树立正确的人生观、价值观、世界观，塑造良好的品格。
➢ 培养学生善于思考、探索新知识的习惯。

技能目标

➢ 能够建立完备的多媒体技术基本概念体系。
➢ 了解多媒体计算机系统。
➢ 了解多媒体技术的应用和发展。

项目导读

多媒体技术是当今信息技术领域发展最快、最活跃的技术之一，是新一代电子技术发展和竞争的焦点。多媒体技术借助日益普及的高速信息网，可实现计算机的全球联网和信息资源共享，因此被广泛应用于咨询服务、图书、教育、通信、军事、金融、医疗等诸多行业，正潜移默化地改变着我们的生活。

任务 1　多媒体技术及其特点

任务引入

小李是一名初中老师，主要负责初二物理的授课，因为疫情的影响，采用网上授课方式，学校要求老师制作多媒体课件，他想采用多媒体技术来制作课件。那么，什么是多媒体技术，多媒体包含哪些元素，又有什么特点呢？

知识准备

一、概念

1. 媒体

媒体是传播信息的媒介，它是指人借助用来传递信息与获取信息的工具、渠道、载体、中介物或技术手段，也指传送文字、声音等信息的工具和手段。媒体有两层含义，一是承载信息的物体，二是储存、呈现、处理、传递信息的实体。

2. 多媒体

多媒体是指融合两种或两种以上媒体的人机交互式信息交流和传播的媒体。

3. 多媒体技术

多媒体技术是通过计算机对语言文字、数据、音频、视频等各种信息进行综合处理和管理，使用户能够通过多种感官与计算机进行实时信息交流的技术。真正的多媒体技术所涉及的对象是计算机技术的产物，而其他的单纯事物，如电影、电视、音响等，均不属于多媒体技术的范畴。

二、多媒体元素

多媒体包括文本、图像、声音、动画、视频等基本要素，不同类型的媒体由于内容和格式的不同，相应的内容管理和处理方法也不同，存储量的差别也很大。

1. 文本

文本是以文字和各种专用符号表达的信息形式，它是现实生活中使用得最多的一种信息存储和传递方式。用文本表达信息给人充分的想象空间，它主要用于对知识的描述性表示，如阐述概念、定义、原理和问题以及显示标题、菜单等内容。

计算机屏幕上的文本信息可以反复阅读，不受时间、空间的限制，但是，在阅读屏幕上显示的文本信息，特别是信息量较大时容易引起视觉疲劳，使学习者产生厌倦情绪。

2. 图像

图像是多媒体软件中最重要的信息表现形式之一，它是决定一个多媒体软件视觉效果的关键因素。与文本信息相比，图片信息一般比较直观，抽象程度较低，而且不受宏观和微观、时间和空间的限制。大到天体，小到细菌，上到原始社会，下到未来，这些内容都可用图片来表现。

3. 动画

动画是利用人的视觉暂留特性，快速播放一系列连续运动变化的图形图像，也包括画面的缩放、旋转、变换、淡入淡出等特殊效果。通过动画可以把抽象的内容形象化，使许多难以理解的内容变得生动有趣。合理使用动画可以达到事半功倍的效果。

4. 声音

声音是人们用来传递信息、交流感情最方便、最熟悉的方式之一，它是多媒体信息的一个重要组成部分。声音主要包括波形声音、语音和音乐三种类型。声音是一种振动波，波形声音是声音的最一般形态，它包含了所有的声音形式；语音是一种包含丰富语言内涵的波形声音，它是声音中的一种特殊媒体；音乐是符号化了的声音，与语音相比，它的形式更加规范。

5. 视频

视频具有时序性与丰富的信息内涵，常用于交代事物的发展过程。视频类似于我们熟知的电影和电视，有声有色，在多媒体中充当着重要的角色。

三、多媒体技术的特点

多媒体技术有以下几个主要特点。

1. 集成性

多媒体技术是多种媒体的有机集成，也包括传输、存储和呈现媒体设备的集成。早期，各项技术都是单一应用，如声音、图像等，有的仅有声音而无图像，有的仅有静态图像而无动态视频等。多媒体系统将它们集成起来以后，充分利用了各媒体之间的关系和蕴涵的大量信息，使它们能够发挥综合作用。

2. 控制性

多媒体技术以计算机为中心，综合处理和控制多媒体信息，并按人的要求以多种媒体形式表现出来，同时作用于人的多种感官。

3. 交互性

交互性是多媒体技术的关键特征。它使用户可以更有效地控制和使用信息，增加对信息的关注和理解。传统信息交流媒体只能单向地、被动地传播信息，而多媒体技术借助于交互性，可以使用户获得更多的信息。

4. 多样性

多媒体技术具有对处理信息的范围进行空间扩展和综合处理的能力，体现在信息采集、传输、处理和呈现的过程中，涉及多种表示媒体、表现媒体、存储媒体和传输媒体。信息载体的多样化使计算机能处理的信息空间范围扩展和放大，不再局限于数值、文本或特殊领域的图形和图像。

5. 非线性

多媒体技术的非线性特点将改变人们传统循序性的读写模式。以往人们读写方式大都采用章、节、页的框架，循序渐进地获取知识，而多媒体技术将借助超文本链接的方法，把内容以一种更灵活、更具变化的方式呈现给读者。

6. 同步性

由于多媒体系统需要处理各种复合的信息媒体，因此多媒体技术必然要支持实时处理。接收到的各种信息媒体在时间上必须是同步的，其中语音和活动的视频图像必须严格同步。

7. 信息使用的方便性

用户可以按照自己的需要、兴趣、任务要求、偏爱和认知特点来使用信息，任取图、文、声等信息表现形式。

8. 信息结构的动态性

用户可以按照自己的目的和认知特征重新组织信息，增加、删除或修改节点，重新建立链接。

任务 2　多媒体计算机系统

任务引入

小李已经对多媒体技术有了一定的了解。那么，制作多媒体课件对计算机硬件有什么要求？需要安装哪些软件呢？

知识准备

多媒体计算机系统是指能对文本、图形、图像、音频、动画和视频等多媒体信息，进行逻辑互连、获取、编辑、存储和播放的计算机系统。通常由硬件系统和软件系统组成。

一、多媒体硬件系统

多媒体硬件系统由计算机传统硬件设备（CPU、存储器）、光盘存储器、音频输入/输出和处理设备、视频输入/输出和处理设备、多媒体通信传输设备等组成。

1. 光盘存储器

光盘存储器由光盘驱动器和盘片组成，它可以存储声、文、图等多媒体信息。光盘驱动器是读取 CD-ROM 盘片中信息的设备。光盘驱动器可以分为内置式光盘驱动器和外置式光盘驱动器。光盘驱动器通常包括 3 个部件：CD-ROM 驱动器、电缆和控制卡。

2. 音频卡

音频卡又称声卡，是处理和播放多媒体声音的关键部件，它通过插入主板扩展槽中与主机相连。它可以把话筒、录音机和电子乐器等输入的声音信息，进行模拟/数字转换或压缩等处理，然后存入计算器进行处理。也可以把经计算机处理的数字化声音通过解压、数字/模拟转换后，送到输出设备进行播放或录制。

3. 视频卡

视频卡是用来采集视频内容与资料的一种硬件 PCI 卡，它通过插入主板扩展槽中与主机相连。它可以通过卡上的输入/输出接口与录像机、摄像机、影碟机和电视机等连接，采集来自这些设备的模拟信息作为视频源和声频源，并以数字化的形式存入计算机中进行编辑或处理。

4. 触摸屏

触摸屏是一种随多媒体技术发展而使用的输入设备。通过手指在屏幕上触摸菜单、按钮等，产生触摸信号，然后将该信号变成计算机可以处理的操作命令，实现人机交互。

5. 扫描仪

扫描仪用于将摄影作品、绘画作品或印刷资料上的文字和图像等平面图像扫描到计算机中，然后对这些图像信息进行加工处理、管理、使用、存储和输出。

6. 数字化仪

数字化仪是一种图形输入设备，它由平板加上连接的手动定位装置组成，主要用于输入地图、气象图等线形图。可以通过手动定位笔方便地获得每个线段的起始坐标，实现矢量图的输入。

7. 数码相机

数码相机可以把用户拍摄的照片直接输入计算机，它把影像直接转换为数字数据，存储在内存或磁盘中。

8. 操纵杆

操纵杆是一种提供方向信息的输入设备，一般可以提供移动方向信息，设置附加移动速度信息。在多媒体计算机上，操纵杆常用作游戏控制器，用来操纵电子游戏。

二、多媒体软件系统

多媒体软件系统包括多媒体操作系统、多媒体数据处理软件、多媒体创作工具软件和多媒体应用软件。

1. 多媒体操作系统

多媒体操作系统指能够支持多媒体设备及应用的操作系统。通常支持对多媒体声像及其他信息的控制和处理；支持多媒体的输入/输出及相应的软件接口；支持对多媒体数据和设备的管理和控制以及图形用户界面管理等。目前，个人计算机的主流操作系统都具有这些功能。

2. 多媒体数据处理软件

多媒体数据处理软件用于采集、整理和编辑各种媒体数据。主要有以下几种。

（1）文本工具。主要用于对文字进行编辑、排版和识别等。常用的文字处理工具包括Word、WPS、记事本等。

（2）图形/图像工具。主要用于对图形/图像进行显示、编辑、处理等。常用的软件有以下几种。

PhotoShop：主要处理以像素构成的数字图像。它提供了许多的编辑与绘图工具，可以有效地进行图片编辑工作，是使用最多的一种图形/图像处理工具软件。

Illustrator：是一款基于矢量的图形处理工具，主要用于多媒体图像处理、印刷出版、网页图形、演示、标志设计、工程绘图等。

CorelDRAW：是一款矢量图形/图像制作工具软件，它包含两个绘图应用程序，一个用于矢量图及页面设计，另一个用于图像编辑。它用于企业形象设计、广告设计和印刷设计等。

AutoCAD：是一款矢量图形/图像软件，主要用于机械设计、建筑设计等。

3ds Max：是一款三维图形/图像编辑软件。

（3）动画工具。主要用于绘制动画、编辑动画等。常用的动画工具软件有以下几种。

Animate：是一款二维的动画制作软件，它支持动画、声音以及交互，具有强大的多媒体编辑功能，可以直接生成主页代码，被广泛用于网络广告、交互游戏、教学课件、动画短片、交互式软件开发、产品功能演示等多个方面。

GIF Construction Set：是一款 GIF 动画制作软件，可以快速、专业地创建透明、交错和活动的 GIF 文件。

Xara 3D：是一款功能强大的 3D 动态文字设计软件，可以设计一些特殊场合的动态文字，在处理广告文字、视频文字、3D 字幕等方面提供良好的设计方案。

（4）视频工具。主要用于视频的显示、编辑、压缩和捕捉等。常用的视频软件有以下几种。

Premiere：是一款易学、高效、精确的视频剪辑软件，提供了采集、剪辑、调色、美化视频、字幕添加、输出等一整套流程。

会声会影：是一款视频处理编辑软件，有多种视频编辑功能和动画制作效果。

（5）音频工具。主要用于音频的录制、播放、编辑等。常用的音频软件有以下几种。

Audition：是一款完善的工具集，包含用于创建、混合、编辑和复原音频内容的多轨、波形和光谱显示功能。专为在照相室、广播设备和后期制作设备方面工作的音频和视频专业人员设计。

GoldWave：是一款集声音编辑、播放、录制和转换于一体的软件，可打开 WAV、OGG、VOC、IFF 等音频文件格式。

CakeWalk Pro Audio：是一款功能强大的专业编辑、创作、调试 MIDI 音乐的软件，它可以根据用户需要进行音频组合和音频 MIDI 信号组合，再按照用户的意思演奏出来。

3. 多媒体创作工具软件

多媒体创作工具软件按照组织方式与数据管理大概分为以下几类。

（1）页面模式的创作工具。这类工具按照类似于书的页面来组织和管理，具有出色的超文本和超媒体功能。

PowerPoint：是一款最简单实用的基于页面创作工具软件，每个画面都可以视为一个页面，可以分别进行生成、编辑和排列。

ToolBook：是一款多媒体软件制作工具，它为使用者提供了高级的互动行为和动作事件系统，并内置了丰富的可定制工具，且支持自定义会话，制作出来的课件还可以加密保护。

（2）时序模式的创作工具。这类创作工具按照时间顺序来组织数据或事件，这种顺序的排列一般以帧为单位。这种工具适于处理动画、视频图像等。

Animate：广泛应用于网页交互的多媒体动画设计工具软件，提供各种创建原始动画素材的方式，可将图形/图像生成逐帧动画，支持多种文件格式和通用的浏览器，具有强大的交互功能。

Director：是一套非常理想的创作工具，使用 Director 不但可以创作多媒体教学软件，还可以创建活灵活现的 Internet 游戏、多媒体的互动式简报等。

（3）图标模式的创作工具。这类创作工具以对象或事件的顺序来组织数据，以流程线为主干，将工作媒体逐个组接在流程线中。

Authorware 是一款图标导向式的多媒体制作工具，它无须传统的计算机语言编程，只需要通过对图标的调用来编辑一些控制程序走向的活动流程图，将文字、图形、声音、动画、视频等各种多媒体项目数据汇在一起，就可达到多媒体软件制作的目的。Authorware 这种通过图标的调用来编辑流程图用以替代传统的计算机语言编程的设计思想，是它的主要特点。

4. 多媒体应用软件

多媒体应用软件是由各个应用领域的专家或研发人员利用计算机语言或多媒体创作工具制作的最终多媒体产品。这类软件直接与用户接口，用户只要根据应用软件给出的操作命令，通过简单的操作便可使用这些软件，如多媒体会议系统、点播电视服务等。医用、家用、工业应用等已成为多媒体应用的重要组成部分，多领域应用的特点和需求，推动了多媒体应用软件的研究和发展。

任务 3　多媒体数据压缩技术

任务引入

小李把制作多媒体课件所需的计算机准备好,并将课件所需的图像、声音、视频等资料存入到计算机中,他发现这些多媒体资料数据量很大,计算机系统几乎无法对它进行存取和交换。那么,怎样才能对这些数据进行压缩呢?

知识准备

多媒体数据之所以能够压缩,是因为视频、图像、声音这些媒体具有很高的压缩比例。
在多媒体计算系统中,信息从单一媒体转到多种媒体,传输和处理大量数字化了的声音/图片/影像视频信息等,数据量是非常大的。如果不进行处理,计算机系统几乎无法对它进行存取和交换。因此,数据压缩技术对于多媒体技术的发展极其重要。

一、数据压缩技术的性能指标

数据压缩技术有 3 个主要指标。
(1) 压缩前后所需的信息存储量之比要大。
(2) 实现压缩的算法要简单,压缩、解压缩速度快,尽可能地做到实时压缩和解压缩。
(3) 恢复效果要好,要尽可能地完全恢复原始数据。

二、数据压缩技术的分类

数据的压缩实际上是一个编码过程,即把原始的数据进行编码压缩。数据的解压缩是数据压缩的逆过程,即把压缩的编码还原为原始数据。因此,数据压缩方法也称编码方法。随着数据压缩技术的发展,适应各种应用场合的编码方法不断产生。对于不同的多媒体数据冗余类型,相应地有不同的压缩方法。

(1) 根据解码后数据是否能够完全无丢失地恢复为原始数据,分为无损压缩和有损压缩两种。

① 无损压缩。工作原理为去除或减少冗余值,但这些被去除或减少的冗余值可以在解压缩时重新插入到数据中以恢复原始数据。

② 有损压缩。这种压缩方法在压缩时减少的数据信息不能恢复。有损压缩适用于重构信号不一定非要和原始信号完全相同的场合。在多媒体技术中一般用于语音、图像和视频的压缩。它对自然景物的彩色图像压缩,压缩比可达到几十倍甚至上百倍。

(2) 根据具体编码算法,分为预测编码、变换编码和统计编码 3 种。

① 预测编码。这种编码记录与传输的不是样本的真实值,而是真实值与预测值之差。预测值由预编码图像信号的过去信息决定。由于时间和空间的相关性,真实值与预测值的差值变化范围远小于真实值的变化范围,因而可以采用较少的位数表示。

② 变换编码。在变换编码中,由于对整幅图像进行变换的计算量太大,所以一般把原

始图像分成多个矩形区域，即子图像，对子图像独立进行变换。变换编码的主要思想是利用图像块内像素值之间的相关性，把图像变换到一组新的"基"上，使得能量集中到少数几个变换系数上，通过存储这些系数而达到压缩的目的。

③ 统计编码。最常用的统计编码是哈夫曼编码，出现频率高的符号用较少的位数表示，编码效率主要取决于需要编码的符号出现的概率分布，越集中则压缩比越高。哈夫曼编码是一种无损压缩技术，在语音和图像编码中常和其他方法一起使用。

任务 4　多媒体技术的应用与发展

任务引入

小李通过对多媒体技术的了解，发现多媒体技术可以应用到工作和生活的许多方面。那么，媒体技术除了能制作多媒体课件，还可以应用到哪些方面呢？未来，多媒体技术又有哪些发展趋势？

知识准备

一、应用

多媒体技术的兼容性非常强，目前在不同的行业领域中都得到了较好的应用，如商业、教育、娱乐、工程、医药、科学、军事等行业。

1．在教育中的应用

多媒体为丰富多彩的教学方法又增添了一种新的手段：音频、动画和视频的加入，各种计算机辅助教学软件及各类视听类教材图书、培训材料等使现代教育教学和培训的效果越来越好。

多媒体教学系统有效地支持个别化的教学模式，可以促进学生的自主学习活动，使学生从被动接受知识转变为自主选择教学信息，根据自己的学习情况，调整学习的速度，针对不同的信息，采取相应的学习方法，克服传统教育在空间、时间和教育环境等方面的限制。

2．在商业中的应用

多媒体技术将商业流通的信息以各种形式引入管理系统，有利于商业企业经营的信息管理。利用多媒体系统做商业广告宣传具有声像图文并茂的优势，可增加广告效果，提升感染力。

3．在影视娱乐业中的应用

通过声音录制可获得各种声音或语音，用于宣传、演讲或语音训练等应用系统中，或作为配音插入电子广告、动画和影视中。在娱乐领域，电子游戏软件无论是在色彩、图像、动画、音频的创作表现上，还是在游戏内容的精彩程度上，都是极具吸引力的，游戏者可以通过电脑与游戏互动轻松进入角色，感觉身临其境。

4．在电子出版业中的应用

利用多媒体技术制作的光盘出版物，在音像娱乐、电子图书、游戏及产品广告的光盘市场上，呈现出迅速发展的销售趋势。

电子出版物具有集成性和交互性的特点，使用媒体种类多，表现力强，信息的检索和使用方式灵活方便，特别是信息的交互性不仅能向读者提供信息，而且能接受读者的反馈。

电子出版物的产生和发展，改变了传统图书的发行、阅读、收藏、管理等方式，对人们的文化生活产生了巨大影响。

5. 在工业和科学计算领域中的应用

多媒体技术在工业生产实时监控系统中，尤其在生产现场设备故障诊断和生产过程参数监测等方面有着非常重要的实际应用价值。特别是在一些危险环境中，多媒体实时监控系统将起到越来越重要的作用。

将多媒体技术用于科学计算可视化，可使本来抽象、枯燥的数据能够用二维或三维图形、图像动态显示，使研究对象的内因与其外形变化同步显示。将多媒体技术用于模拟实验和仿真研究，会大大促进科研与设计工作的发展。

6. 在医疗领域中的应用

多媒体技术在医疗领域中的应用更加广泛，CT、超声波、X射线成像、血管造影等应用对于医生的诊断和治疗过程很有帮助，这些技术现已十分成熟，也是多媒体在医疗领域最为直接的体现。多媒体技术还可以帮助远离服务中心的病人通过多媒体通信设备、远距离多功能医学传感器和微型遥测接受医生的询问和诊断，为抢救病人赢得宝贵的时间。

7. 在通信领域中的应用

多媒体信息技术使高速传输丰富多彩的综合信息成为可能。GSM智能电话、电视会议、综合业务数字网等技术，可提供多种功能的个人移动通信手段，促成隔"时空"的"面对面"对话，从而改变传统通信的观念、手段和内容。

二、发展前景

多媒体技术的发展促使多媒体计算机形成更加完善的计算机支撑的协同工作环境，消除了空间距离的障碍，也消除了时间距离的障碍，为人们提供了更加完善的信息服务。

1. 流媒体技术

传统多媒体手段由于其数据传输量大的特点而与现实的网络传输环境发生了矛盾，面临发展相对停滞的危机。解决这一问题的方法是采用流媒体技术。流媒体技术是一种可以使音频、视频和动画等多媒体文件能在网络上以实时的、无须下载等待的方式进行播放的技术。

这种一边接收、一边处理的方式，很好地解决了多媒体信息在网络上的传输问题。流媒体技术大大地促进了多媒体技术在网络上的应用。网络的多媒体化趋势是不可逆转的，相信在很短的时间里，多媒体技术一定能在网络这片新天地里找到更大的发展空间。

2. 智能多媒体技术

以用户为中心，充分发展交互多媒体和智能多媒体技术与设备。对于未来的多媒体系统，人类可用日常的感知和表达技能与其进行自然的交互，系统本身不仅能主动感知用户的交互意图，还可以根据用户的需求做出相应的反应，系统本身会具有越来越高的智能性。

3. 虚拟现实

虚拟现实是一项与多媒体技术密切相关的新技术，它通过综合应用计算机图像、模拟仿真、传感器、显示系统等技术和设备，给用户提供一个真实反映操纵对象变化与相互作用的三维图像环境，并通过特殊设备（如头盔和数据手套）给用户提供一个与虚拟世界相互作用的三维交互式用户界面。虚拟现实技术结合了人工智能技术、计算机图形技术、人机接口技术、传感技术、计算机动画等多种技术，它的应用十分广泛，发展潜力不可估量。

项目总结

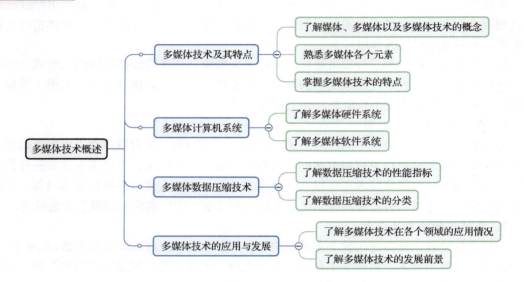

项目二

图形图像技术与应用

思政目标

➢ 培养学生职业责任心，树立正确的价值观，塑造良好人格。
➢ 逐步培养学生勤于动手、乐于实践的学习习惯。

技能目标

➢ 熟悉 Photoshop 工作界面以及各种文件操作。
➢ 能够对图形图像进行操作和编辑。
➢ 能够利用图层、通道和滤镜对图像进行处理。

项目导读

图形图像是多媒体中的一个重要元素，而 Photoshop 是一款非常优秀的专业图形图像处理软件。因此，学会利用 Photoshop 软件来处理图形图像对掌握多媒体技术是非常重要的。

任务 1　图形图像基础

任务引入

小李为了使学生能够更直观地理解物理这门学科，需要在课件中使用大量的图形和图像，为了更好地将图形图像和物理学科融合在一起，必须对图形和图像有所了解。那么，图形和图像有什么区别？常见的图形和图像有哪些格式呢？

知识准备

一、图形和图像

图形和图像都是多媒体系统中的可视元素,虽然它们很难区分,但确实不是一回事。从广义上说,所有人肉眼能看到的对象,都是图形。从狭义上说,图形是我们所看到的一种点、线、面的描述对象。

1. 图形

图形是矢量图,是由被称为矢量的数学对象所定义的直线和曲线组成的。CorelDRAW、Adobe Illustrator、FreeHand、AutoCAD 等软件可直接绘制矢量图形。矢量根据图形的集合特性进行描述,矢量图要经过大量数学方程的运算才能生成。矢量图中的各种景物由数学定义的各种几何图形组成,放在特定位置上并填充特定的颜色。移动、缩放景物或更改景物的颜色不会降低图像的品质,因此,在矢量图中将任何图元进行任意放大或缩小,不会影响图的清晰度和光滑度,也不会影响图的打印质量。矢量图是文字和粗图形的最佳选择,这些图形在缩放到不同大小时都将保持清晰的线条。如图 2-1 所示为矢量图原图和放大 10 倍后的图像对比,可以看出放大后的图像没有质量损失。

图 2-1　矢量图放大前后对比

2. 图像

图像是位图,是由许多不同颜色的小方格组成的,其中每一个小方格称为像素(pixel)。由于位图文件在存储时必须记录画面中每一个像素的位置、色彩等信息,因此占用空间较大,可以达到几兆、几十兆甚至上百兆。位图图像与分辨率有关。所谓分辨率,即单位长度上像素的数目,其单位为像素/英寸(pixels/inch)或像素/厘米(pixels/cm)。相同尺寸的图像,分辨率越高,效果越好,打印时能够显现出更细致的色调变化。但是,点阵图毕竟以像素为基础,一幅图的像素是一定的,当把图放大若干倍后,就可看到方格形状的单色像素,因此位图不宜过分放大。如图 2-2 所示为位图原图和放大 10 倍后的图像对比,可以看出放大后的图像出现明显的像素颗粒。

提示:矢量图在计算机屏幕上是以像素显示的,因为计算机显示器必须通过在网格上的显示来显示图像。另外,矢量图的色彩不够丰富,而且不易在各软件之间进行转换,这是矢量图的不足之处。

图 2-2 位图放大前后对比

准确地说，图形和图像有不同的模式。当然，从计算机底层的程序（显卡处理）来看，绘制图形和图像所经过的硬件处理流程几乎是一样的。显卡一般会进行图形图像计算（2D）、显存，用来存取图形图像内容，GPU 计算图形图像内容并渲染，最后输出到显示器。从图像的呈现方式上讲，只能通过图像的方式去呈现"图形"这个对象。

二、分辨率、颜色深度和颜色模式

（一）分辨率

1. 显示分辨率

显示分辨率是指显示屏上能够显示出来的像素数目。例如，显示分辨率为 1024×768，表示显示屏分成 768 行，每行显示 1024 个像素，整个显示屏就含有 796432 个显像点。屏幕能够显示的像素越多，说明显示设备的分辨率越高，显示的图像质量越高。

2. 图像分辨率

图像分辨率是指组成一幅图像的像素密度，也用水平和垂直的像素表示，即用每英寸多少点（dpi）表示数字化图像的大小。对同样大小的一幅图，组成该图的图像像素数目越多，说明图像的分辨率越高，图像看起来就越逼真；反之，则图像显得越粗糙。因此，不同的分辨率会得到不同的图像清晰度。

（二）颜色深度

颜色深度是指图像最多支持多少种颜色，一般用"位"表示。例如，GIF 格式支持 256 种颜色，颜色深度是 8；BMP 格式最多可以支持红、绿、蓝各 256 种，不同的红绿蓝组合可以构成 256 的 3 次方种颜色，就需要 3 个 8 位的二进制数，总共 24 位，所以颜色深度是 24；PNG 格式除了支持 24 位的颜色，还支持 alpha 通道控制透明度，总共是 32 位，所以颜色深度是 32。颜色深度越大，图片占的空间越大。

（三）颜色模式

颜色模式是指将某种颜色表现为一种数字形式的模型或一种记录图像颜色的方式。颜色模式分为 RGB 模式、CMYK 模式、HSB 模式、Lab 模式、位图模式、灰度模式、索引模式、双色调模式和多通道模式。每一种模式都有自己的优缺点，也都有自己的适用范围。

1. RGB 模式

自然界中所有的颜色都可以用红（R）、绿（G）、蓝（B）这三种颜色的不同强度组合来获得，这就是人们常说的三基色原理。在数字视频中，对三种基色各进行 8 位编码就构成了大约 1677 万种颜色，即人们常说的真彩色。电视机和计算机的监视器都是基于 RGB 模式来创建颜色的。

2. CMYK 模式

CMYK 模式是一种印刷模式。这四个字母分别指青（Cyan）、洋红（Magenta）、黄（Yellow）、黑（Black），在印刷中代表四种颜色的油墨。CMYK 模式在本质上与 RGB 模式没有什么区别，只是产生色彩的原理不同，RGB 模式通过光源发出的色光混合生成颜色，而 CMYK 模式则通过减法混色方式产生颜色。

3. HSB 模式

HSB 模式根据人眼的视觉特征制定。H 表示色相（Hue），取值范围是 0°～360°，如红是 0°或 360°、黄是 60°、绿是 120°、青是 180°、蓝是 240°。S 表示饱和度（Saturation），指颜色的强度或纯度，取值范围是 0%～100%，0%表示饱和度最低。B 表示亮度（Brightness），是人对色彩明暗程度的心理感觉，取值范围是 0%～100%，100%表示亮度最大。

4. Lab 模式

Lab 模式是以一个亮度分量 L（Lightness）以及两个颜色分量 a 与 b 来表示颜色的。a 分量代表由绿色到红色的光谱变化，b 分量代表由蓝色到黄色的光谱变化。通常情况下，Lab 模式很少使用。该模式是 Photoshop 的内部颜色模式，它是图像由 RGB 模式转换为 CMYK 模式的中间模式。

5. 位图模式

位图模式又称线画稿模式。位图模式图像的每个像素仅以 1 位表示，即其强度要么为 0，要么为 1，分别对应颜色的黑与白。要将一幅彩色图像转换为位图图像，应首先将其转换为 256 级灰度图像，然后才能将其转换为位图图像。

6. 灰度模式

灰度模式采用 256 色阶的灰色表示图像，其中 0 为黑色，256 为白色，常用于将彩色图像转换为高品质的黑白图像，颜色深度为 8。

7. 索引模式

索引模式采用一个颜色表存放并索引图像中的颜色，最多有 256 种颜色。如果原图像中的某种颜色没有出现在该表中，则会从颜色表中选出最相近的颜色来模拟这个颜色，这样可以减小图像文件的尺寸。

8. 双色调模式

双色调模式采用 2～4 种彩色油墨来创建由双色调（2 种颜色）、三色调（3 种颜色）和四色调（4 种颜色）混合其色阶来组成的图像。在从灰度模式转换为双色调模式的过程中，可以对色调进行编辑，产生特殊的效果。使用双色调模式最主要的用途是使用尽量少的颜色来表现尽量多的颜色层次，这对于减少印刷成本是很重要的，因为在印刷时，每增加一种色调都需要更大的成本。

9. 多通道模式

系统将根据源图像产生相同数目的新通道，但该模式下的每个通道都为 256 级灰度通道（其组合仍为彩色）。这种模式通常被用于特殊打印，如将某一灰度图形以特别颜色打印。

如果 RGB、CMYK 或 Lab 模式中的某个通道被删除了，则图像会自动转换为多通道模式。

三、常见的图形图像格式

图像文件格式是指一幅图像或一个平面设计作品在计算机上的存储方式。常见的图形图像格式有如下几种。

1. PSD、PDD 格式

这两种文件格式是 Photoshop 专用的图像文件格式，它有其他文件格式所不包含的图层、通道以及一些专用信息，而这些是用 Photoshop 处理图片时必不可少的元素。另外，在打开和存储这两种格式的文件时，Photoshop 能表现出较快的速度，同时，这两种图像文件格式对图像的质量没有丝毫损伤，因此，在使用 Photoshop 处理图片时，如果工作没有完成，则都应该存储为 PSD 或者 PDD 格式。

但是，这两种文件格式有一些缺点，包括占用空间较大、与其他软件不通用等。因此，在存储最终作品时，如果没有必要，最好不要用 PSD、PDD 文件格式存储。

2. BMP 格式

BMP 的英文全称是 Windows Bitmap，它是微软 Paint 的格式，被多种软件所支持，也可以在 PC 和苹果机上使用。BMP 格式的颜色可达 16 位真彩色，质量上没有损失，但这种格式的文件比较大。

它是PC上最常用的图像文件格式，有压缩和不压缩两种形式，可表现从 2 位到 32 位的色彩，其中高 8 位含有表征透明信息的 Alpha 数值。

3. GIF 格式

GIF 的英文全称是 Graphics Interchange Format，即图像交换格式。这种格式是一种小型化的文件格式，它最多使用 256 种颜色，即索引色彩，但支持动画，多用在网络传输上。

4. TIF 格式

TIF 的英文全称是 Tag Image File Format，即标签图像格式。这是一种最佳质量的图像存储方式，可存储多达 24 个通道的信息。它所包含的图像信息最全，而且几乎所有的专业图形软件都支持这种格式，用户在存储自己的作品时，只要有足够的空间，都应该用这种格式来存储，才能保证作品质量不受影响。

这种格式的文件通常被用来在 Mac 平台和 PC 之间转换，也用在 3D Max 与 Photoshop 之间进行转换。这是平面设计专业领域用得最多的一种存储图像的格式。它的缺点是占用空间较大。

5. JPG 格式

JPG（JPEG）的英文全称是 Joint Photographic Experts Group，这是一种压缩图像存储格式。用这种格式存储的图像会有一定的信息损失，但用 Photoshop 存储时可以通过选择"最佳""高""中""低"四种等级来决定存储 JPG 图像的质量。它可以把图片压缩得很小，中等压缩比大约是原 PSD 格式文件的 1/20。一般说来，一幅分辨率为 300dpi 的 5in 图片，用 TIF 格式存储要占用近 10MB 左右的空间，而采用 JPG 格式存储只需要占用 100kB 左右就可以了。因此，在传输图片时，最好选择这种存储格式。现在几乎所有的数码照相机均采用这种存储格式。

6. PNG 格式

PNG 的英文全称是 Portable Network Graphic，它是一种无失真压缩图像格式，支持索引、灰度、RGB 三种颜色方案以及 Alpha 通道等特性。这种格式具有渐进显示和流式读写特性，适合在网络传输中快速显示预览效果后再展示全貌。它最高支持 48 位真彩色图像以及 16 位灰度图像，被广泛应用于互联网及其他方面。

7. IFF 格式

IFF 的英文全称是 Image File Format，它多用于大型超级图形图像处理平台，如 AMIGA 机等，好莱坞的特技大片多采用这种格式。IFF 格式的缺点是耗用的计算机资源十分巨大。

任务 2　Photoshop 2022 基础

任务引入

小李经过前面的学习，决定选择 Photoshop 软件对图形图像进行处理。想要熟练使用 Photoshop 软件，必须先了解该软件的操作界面，只有对界面有了宏观的认识，才能更好更快地做出效果。Photoshop 的工作界面包含哪些组成部分呢？路径工具、形状工具和文字工具怎么使用呢？

知识准备

一、Photoshop 工作界面

启动 Photoshop 软件后新建一个文件，将会显示如图 2-3 所示的工作界面，该界面包括菜单栏、工具箱、工具属性栏、图像窗口、状态栏及调板窗。

图 2-3　Photoshop 工作界面

（一）菜单栏

菜单栏主要包括 12 个命令，如图 2-4 所示。利用这些命令可对图像进行调整及处理，使其具有更完美的效果。

图 2-4　菜单栏

用户可以单击菜单命令，此时将弹出相应的下拉菜单，如图 2-5 所示。除了可以用鼠标单击选择命令，还可以利用快捷键进行操作。例如：执行"文件"|"打开"命令，可通过按下 Ctrl+O 组合键来完成。此外，用户也可以通过按下 Alt 键和菜单名中的字母键来完成操作。例如，当要打开"图像"菜单时，可按下 Alt+I 组合键来完成操作。

图 2-5　菜单命令

（二）工具属性栏

工具属性栏位于菜单栏下面，可通过执行"窗口"|"选项"命令打开或关闭。当选择了某个工具后，工具属性栏将显示该工具的相关设置与属性。例如，如果选择了画笔工具，则可利用工具属性栏设置画笔大小、模式、不透明度、流量等属性；也可单击工具属性栏中的"切换画笔调板"按钮，到画笔调板中进行设置，如图 2-6 所示。

图 2-6　工具属性栏

（三）工具箱

工具箱是 Photoshop 工作界面中非常重要的组成部分，其外观如图 2-7 和图 2-8 所示，它是可伸缩的，可为长单条和短双条。

工具箱中包含 40 余种工具，包括选择工具、绘图工具、路径工具、颜色设置工具以及显示控制工具等。要使用某种工具，只需单击该工具即可。被选择的工具处于下陷状态，颜色上会与其他工具有所区分。要查看工具的名称，可将鼠标移至该工具处，稍停片刻，系统将自动显示工具提示，给出名称。

在有些工具的右下角有一个小三角形符号◾，它表示该工具位置上存在一个工具组，其中包含若干个相关工具，如图 2-9 所示。

图 2-7　长单条　　　　　　图 2-8　短双条　　　　　　图 2-9　工具组

工具箱的下部为前景色和背景色显示区以及特殊功能按钮。

◾为前景色和背景色显示区，当前显示的为前景色为黑色，背景色为白色，这是默认值。单击箭头◾可切换前景色与背景色。单击◾可将前景色和背景色设为默认值（黑白），不管之前把它们设置为何种颜色。

◾为编辑模式按钮，默认的是标准模式编辑图像，单击按钮变成◾。◾表示以快速蒙版模式编辑图像。

◾为屏幕显示模式按钮组，可按 F 键进行功能切换，依次为标准屏幕模式（即常用模式）、带有菜单栏的全屏模式和全屏幕模式，用户可以根据图像的大小自己选择合适的显示模式，以方便工作。

（四）图像窗口

用户打开的所有图像都将在图像窗口中显示，同时用户还可分别对程序窗口和图像窗口的状态进行调整（即最小化、最大化、还原或关闭）。然而，软件的程序窗口是父窗口，因此，程序窗口将会控制图像窗口所显示的状态。

在图像窗口的最上方是图像的标题栏。在标题栏的最左侧显示的是 Photoshop 软件的图标，其后是当前所显示图像文件的名称及类型。紧贴@符号右侧所显示的是当前图像显示的百分比。括号内所显示的是当前图像的颜色模式。若当前图像是由多个文件组成的，则在该括号内部将以"，"的形式将当前图层的名称与其颜色模式分隔开。

（五）调板窗

调板窗位于界面右侧，主要用于存放 Photoshop 软件所提供的各种调板。用户可以利用这些调板对编辑信息、颜色、图层、通道、路径、历史记录和动作等进行观察、选择及控制。

功能调板的显示与隐藏操作可在"窗口"菜单命令内完成，如图 2-10 所示。当用户在菜单中选择不带"√"的选项时，可显示被隐藏的功能调板（即打开功能调板）；当用户在菜单中选择带"√"的选项时，可隐藏功能调板。此外，用户还可以在调板窗对功能调板进行移动、拆分、组合等操作，如图 2-11 所示。

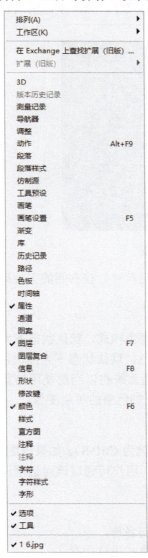

图 2-10　"窗口"菜单命令

图 2-11　调板窗

（六）状态栏

状态栏位于窗口底部，它由两部分组成，其中左侧区域用于显示图像窗口的显示比例，与导航器中的比例相同，用户可输入数值后按 Enter 键来改变显示比例；右侧区域用于显示图像文件信息或系统辅助信息。

二、文件操作

（一）新建文件

要创建新的图像文件，可选择"文件"|"新建"命令，此时系统将打开如图 2-12 所示的"新建"对话框。可通过该对话框设置新图像文件的尺寸、分辨率、模式和背景颜色。

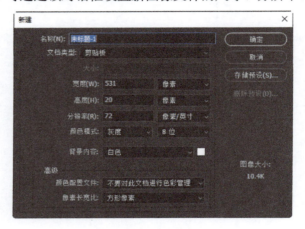

图 2-12 "新建"对话框

- "宽度"和"高度"：用于设置图像文件的宽和高尺寸，在右侧的下拉列表中可以选择尺寸的单位。
- "分辨率"：用于设置图像的显示分辨率。
- "颜色模式"：在其下拉列表中可以选择图像的颜色模式，默认状态下为 RGB 模式。
- "背景内容"：用于设置新建文件的背景层的颜色，默认状态下为纯白色。但是，若在"背景内容"下拉列表中选择"背景色"，则系统将以当前使用的背景色填充新图像；若选择"透明"，则系统将创建一个没有颜色值的单层图像。

（二）保存文件

要保存图像，可选择"文件"|"存储"命令（快捷键为 Ctrl+S）。如果该图像为新图像，则此时系统将打开如图 2-13 所示的"存储为"对话框。用户可通过该对话框设置文件名和保存类型。

"存储为"对话框中各选项的意义如下。

- "文件名"：在该编辑框中可以输入要保存文件的名称。
- "保存类型"：在该下拉列表中可以选取适当的格式进行保存。
- 存储副本：为文件保存一份副本，但不影响原文件，例如，对于一幅名为 Temp.psd 的图像文件，用户可用 Temp Copy.psd 的名称对其进行保存。以副本方式保存图像文件后，用户仍可继续编辑原文件。

➢ ICC 配置文件：设置是否保存 ICC Profile（ICC 概貌）信息，以使图像在不同显示器中所显示的颜色一致。不过，该设置仅对.PSD、.PDF、.JPEG、.TIFF、.AI 等格式有效。

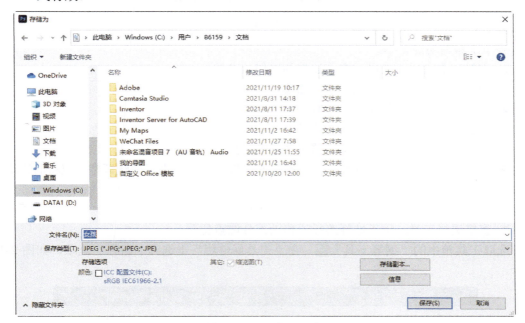

图 2-13 "存储为"对话框

此外，用户还可通过是否选中"缩览图"复选框来确定是否保存预览缩览图，这决定了在打开图像时能否在"打开"对话框中预览图像。

（三）打开文件

在 Photoshop 中要打开一幅已经存在的图像，选择"文件"|"打开"命令，或者按下快捷键 Ctrl+O。在对话框中单击要打开的图像文件名，然后单击"打开"按钮或直接双击要打开的图像文件名，即可打开选定的图像。要一次打开多个图像文件，可配合 Ctrl 键和 Shift 键。其中，要打开一组连续的文件，可在单击选定第一个文件后，按住 Shift 键不放，单击最后一个要打开的图像文件；要打开一组不连续的文件，可在单击选定第一个图像文件后，按住 Ctrl 键不放，单击选定其他图像文件。最后单击"打开"按钮。

（四）关闭文件

如果用户不想继续编辑某个图像，可选择"文件"|"关闭"命令或"关闭全部"命令、按下 Ctrl+W 或 Ctrl+F4 组合键、单击图像窗口右上角的 按钮等来关闭图像窗口。

三、路径工具

从 Photoshop 6.0 开始，与路径的创建、编辑和选择相关的工具均被集中到了工具箱的两个工具组中，如图 2-14 所示。

图 2-14　路径工具

各个工具的功能如下。
> 钢笔工具：用于绘制由多点连接的线段或曲线。
> 自由钢笔工具：用于随手绘制曲线。
> 弯度钢笔工具：使用点来绘制或更改路径和形状。
> 添加锚点工具：用于在当前路径上增加锚点。
> 删除锚点工具：用于删除当前路径中的锚点。
> 转换点工具：用于将直线锚点转换为曲线锚点，从而进行曲线调整，或将曲线锚点转换为直线锚点。
> 路径选择工具：用于选择或移动整条路径。
> 直接选择工具：用于选择路径或移动部分锚点位置。

选取工具箱中的"钢笔工具" ，在"工具属性栏"上选择"路径"选项，如图 2-15 所示。

图 2-15　路径工具属性栏

1. 开放路径的绘制

选择工具箱中的"钢笔工具" ，将钢笔指针定位在绘图起点处并单击，以定义第一个锚点，单击或拖动，为其他的路径段设置锚点。

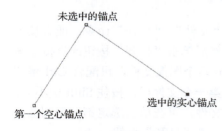

图 2-16　绘制直线路径

（1）直线路径的绘制。将钢笔指针定位在直线段的起点并单击，以定义第一个锚点。在直线第一段的终点再次单击。继续单击，为其他的路径段设置锚点。最后一个锚点总是实心方形，表示处于选中状态。当继续添加锚点时，以前定义的锚点会变成空心方形，如图 2-16 所示。

（2）曲线路径的绘制。选取"钢笔工具" ，在确定的起始位置按住鼠标按钮，当第一个锚点出现时，沿曲线被绘制的方向拖动。此时，鼠标会变为一个小三角形，并导出两个方向点中的一个。释放鼠标，完成第一个方向点的定位操作。将鼠标指针定位在曲线结束的位置，按住鼠标左键并沿相反的方向拖动，完成曲线路径的绘制，如图 2-17 所示。

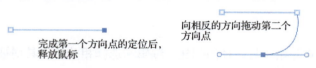

图 2-17　向相反的方向拖动将创建平滑曲线

若要创建曲线的下一个平滑线段，可将指针放在下个线段结束的位置，然后拖动鼠标创建下一段曲线，如图2-18所示。

2．闭合路径的绘制

选择工具箱中的"钢笔工具"，将钢笔指针定位在绘图起点处并单击，以定义第一个锚点，单击或拖动，为其他的路径段设置锚点。要绘制闭合路径，可将钢笔指针定位在第一个锚点上。如果放置的位置正确，则笔尖旁将出现一个小圈，单击可绘制闭合路径，如图2-19所示。

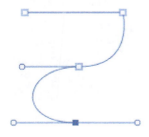
图2-18 两段平滑曲线

图2-19 绘制闭合路径

在对路径上的锚点进行编辑时，经常会用到"转换点工具"达到希望的效果。

3．为路径添加或删除锚点

在工具箱中选取"添加锚点工具"，在需要添加锚点的路径上单击鼠标，单击处出现增加的锚点，用鼠标拖动新增的锚点，可调整锚点的位置，拖动控制手柄，可调整路径的形状，如图2-20所示。

"删除锚点工具"用于在已经创建的路径上删除锚点。在路径被激活的状态下，选择"删除锚点工具"，并将指针放在要删除锚点的路径上（指针旁会出现减号），如果直接单击锚点将其删除，路径的形状将重新调整以适合其余的锚点，如图2-21所示。

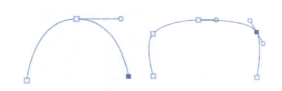
图2-20 更改线段形状的锚点

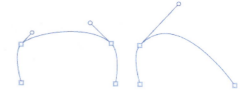
图2-21 直接单击锚点将其删除的效果

四、形状工具

虽然路径工具允许用户绘制任意形状的路径，但在很多情况下，用户绘制的路径都是规则的形状（如矩形、椭圆形等）或一些特定的形状（如星形、箭头等）。为此，Photoshop 为用户提供了一组形状工具，它们被放置在工具箱中的一个工具组中，如图2-22所示。

图2-22 形状工具组

形状工具组有5个基本的形状工具和一个自定形状工具。其实，它们在钢笔工具属性栏上有对应的按钮，单击任何一个按钮，都可把当前工具转换为形状工具，此时工具属性栏如图2-23所示。

图 2-23 形状工具属性栏

如果选中自定形状工具 ，则工具属性栏的中间将出现形状选项，单击可打开如图 2-24 所示的下拉列表框，从中可选择所要绘制路径的形状。单击列表框右上角的 按钮将打开一个快捷菜单，选择适当的菜单项可改变列表框的显示方式或更改显示的形状内容。

单击自定形状工具 工具属性栏上的 按钮，将打开如图 2-25 所示的自定形状选项框，在这里可设置形状工具绘制路径的相关属性，由于各选项的意义很明显，此处不再赘述。

图 2-24 自定形状下拉列表框

图 2-25 自定形状选项框

五、文字工具

由于 Photoshop 处理的特效字必须要以文字工具制作的文字作为前提，因此，这里首先介绍一下文字工具的使用方法。

在 Photoshop 的工具箱中有 4 种可供选择的文字工具，如图 2-26 所示。

其中横排文字工具 和直排文字工具 用于创建文本，创建的文本将被放于系统新建的文字图层中；而横排文字蒙版工具 和直排文字蒙版工具 用于创建文本形状的选区，并不创建文字图层。4 种文字工具的使用如图 2-27～图 2-30 所示。

图 2-26 文字工具

图 2-27 横排文字工具   图 2-28 直排文字工具

图 2-29 横排文字蒙版工具

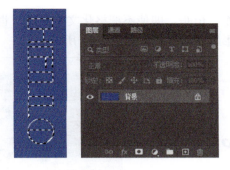

图 2-30 直排文字蒙版工具

选择一种文字工具后，工具属性栏将如图 2-31 所示。在工具属性栏中可设置文字的大小、字体等属性，单击工具属性栏左侧的■按钮，可在输入文字后在横排和直排之间快速转换，按钮组■■■用于设置文字的对齐方式，通常情况下颜色框显示的颜色是当前前景色，用户可通过单击该颜色框打开颜色拾取器来设置字体颜色。

图 2-31 文字工具属性栏

提示：要改变已经输入的文字的属性，必须先使用文字工具选中需要改变的文字，如图 2-32 所示，图中改变"shop"的字体、大小和颜色。

图 2-32 修改选中字体的属性

单击工具属性栏上的■按钮，将打开如图 2-33 所示的"变形文字"对话框，利用该对话框可对文字进行变形设置。

在样式下拉列表中可选择要对文字进行变形的样式，"水平"和"垂直"单选框用于设置是对文字进行水平还是垂直变形，此外，还可调整变形的弯曲和扭曲参数。图 2-34 所示是对文字进行"旗帜"变形示意图。

单击工具属性栏上的■按钮，将打开如图 2-35 所示的字符和段落控制面板，利用该控制面板可对输入的文字段落进行进一步的调整，如文字的水平和垂直缩放比例、段落的首行缩进量等。

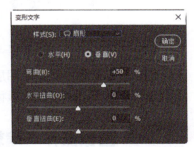

图 2-33 "变形文字"对话框

由于文字图层限制了 Photoshop 的许多操作，如不能对文字图层进行绘画、执行滤镜命令等，要进行这些操作必须将文字图层转换为普通图层。为此，可先选中文字图层，然后执行"图层"|"栅格化"|"文字"命令，也可右击该文字图层，然后在弹出的快捷菜单

中选择"栅格化文字"命令。但是,即使不栅格化文字图层,也可为其添加图层样式,如为一个文字图层添加"投影"图层样式,如图 2-36 所示。

 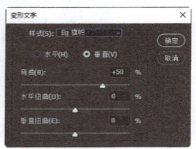

图 2-34 "旗帜"变形

图 2-35 字符和段落控制面板

图 2-36 为文字图层添加"投影"图层样式

此外,还可右击该文字图层,选择"创建工作路径"或"转换为形状"命令,将文字图层内容转换为工作路径或形状,然后进行进一步的操作。

任务 3　图像操作与编辑

任务引入

经过前面的学习,小李已经掌握了一些图形、文字的绘制方法。现在他需要对现有的图片进行编辑,如删除图片上不需要的图像、调整图片颜色、更改图片的背景等。那么,应该怎样对图像进行操作与编辑呢?

知识准备

一、图像编辑

结合选区的修改、编辑和图像的变换，为后面进一步作复杂的图像特效打好基础。

（一）制作选区

制作选区是 Photoshop 非常重要的操作之一，因为在通常情况下，Photoshop 的各种编辑操作只对当前选区内的图像区域有效，选区的精确与否直接关系到处理图像的质量。

1. 利用工具箱制作选区

Photoshop CC 的工具箱中提供了制作选区的各种工具，如图 2-37 所示。下面介绍几种常用的工具。

图 2-37　选区工具

用矩形选框工具和椭圆选框工具可制作任意的矩形和椭圆形选区，如果同时按下 Shift 键，选区将被约束为正方形和圆形。

套索工具和多边形套索工具允许用户手工绘制选区。套索工具和多边形套索工具使用时受人为因素的影响较大，往往不能很精确地选择图像区域，而磁性套索工具能自动分析图像边缘，从而较精确地选择图像。

魔棒工具用于自动定义颜色相近的区域。当一幅图像中的某些部分颜色相近，而又希望选择该区域时，可用魔棒工具进行选择。

任何选择工具的属性栏中都有一排 按钮，从左至右各按钮的意义分别为新选区、添加到选区、从选区减去及与选区交叉。

2. 利用"色彩范围"命令制作选区

执行"选择"|"色彩范围"命令，将打开如图 2-38 所示的"色彩范围"对话框，可通过在图像窗口中指定颜色来定义选区，并可通过指定其他颜色来增加或减少选区。对话框中部分选项的意义如下。

- 选择：从中选择选区定义方式，默认情况下，系统是根据样本色进行选择的。当用户将鼠标移至图像窗口或预览窗口时，鼠标会变为吸管状，单击即可指定样本色，此时还可通过拖动颜色容差滑块调整颜色选取范围。
- 检测人脸：在"选择"下拉列表中选中"肤色"后，选中"检测人脸"选项，Photoshop 将自动识别图像中符合"人脸"标准的区域，而排除无关区域，使得对人脸的选择更加准确。

图 2-38　"色彩范围"对话框

- 本地化颜色簇：在图像中选择多个颜色范围时，选中该选项可以构建更加精确的蒙版。
- 颜色容差：在使用样本色选取时指定颜色范围。
- 范围：选定"本地化颜色簇"后，使用"范围"滑块可以控制要包含在蒙版中的与取样点的最大和最小距离。
- 选择范围/图像：指定预览窗口中图像的显示方式。
- 选区预览：用于指定图像窗口中的图像预览方式。
- 反相：反转选区，和执行"选择"|"反选"命令意义相同。
- 按钮：在使用样本色进行区域选择时，单击不同的按钮可确定选区的增减方式。从左至右依次为制作新选区、增加选区和减少选区。

3. 选区的调整

（1）移动选区。将鼠标移至选区，将会变为形状，此时单击并拖动鼠标即可移动选区。

（2）修改选区。在"选择"|"修改"子菜单中有 5 个选区修改命令。
- 边界：可沿当前选区边界制作边界形状选区，边界的宽度可为 1～64 像素。
- 平滑：该命令将使选区的边界趋于平滑，如直角变为圆角。对话框中的取样半径越大，边界越平滑。
- 扩展：此命令会使选区向外扩展指定像素宽度，扩展量可为 1～16 像素。
- 收缩：此命令会使选区向内收缩指定像素宽度，收缩量可为 1～16 像素。
- 羽化：用户如果需要在创建选区后设定"羽化"值，可执行"选择"|"羽化"命令，此时弹出"羽化选区"对话框，如图 2-39 所示，在"羽化半径"框中设置相应的参数，如果在定义选区时已经在工具属性栏中设置了羽化值，则最终羽化效果为在工具属性栏中设置的羽化值和此处设置的羽化值之和。

图 2-39 "羽化选区"对话框

（3）选区的载入与存储。要制作一个精密的选区，通常要花费大量的时间，因此，在定义好选区后用户可将其保存起来以备日后使用。Photoshop 为我们提供了保存和载入选区的命令，而选区的存储是通过建立新的 Alpha 通道来实现的。

（二）修复类工具

在 Photoshop 中，修复类工具包括修复画笔工具组和图章工具组。前者内含 5 个工具，后者内含 2 个工具。修复画笔工具组包括"污点修复画笔工具""修复画笔工具""修补工具""内容感知移动工具""红眼工具"，如图 2-40 所示。图章工具组包括"仿制图章工具"和"图案图章工具"，如图 2-41 所示。

图 2-40 修复画笔工具组

图 2-41 图章工具组

下面介绍部分工具的使用方法。

- ➢ 污点修复画笔工具：主要用于快速修复图像中的污点和其他的不理想部分。
- ➢ 修复画笔工具：使用修复画笔工具能够修复图像中的瑕疵，使瑕疵与周围的图像融合。利用该工具修复时，同样可以利用图像或图案中的样本像素进行绘画。
- ➢ 修补工具：利用修补工具可以使用其他区域或图案中的像素来修复选区内的图像。修补工具与修复画笔工具一样，能够将样本像素的纹理、光照的阴影等与源像素进行匹配；不同的是，前者用画笔对图像进行修复，而后者通过选区对图像进行修复。
- ➢ 红眼工具：利用 Photoshop 中的红眼工具可以修复人物照片中的红眼，也可以修复动物照片中的白色或绿色反光。
- ➢ 仿制图章工具：利用此工具修图时，先从图像中取样，然后将样本应用到其他图像或同一个图像的其他部分，也可以将一个图层的一部分仿制到另一个图层。
- ➢ 图案图章工具：该工具和仿制图章工具相似，区别是图案图章工具不在图像中取样，而是利用选项栏中的图案进行绘制，即从图案中选择图案或自己创建图案来进行绘制。

（三）颜色类修饰工具

颜色类修饰工具组包括"减淡工具""加深工具""海绵工具"3 个工具，如图 2-42 所示。

图 2-42　颜色类修饰工具组

- ➢ 减淡工具：此工具能够表现图像中的高亮度效果。利用此工具在特定的图像区域内进行拖动，然后让图像的局部颜色变得更加明亮，对处理图像中的高光非常有用。
- ➢ 加深工具：该工具与"减淡工具"的功能相反，使用"加深工具"可以表现出图像中的阴影效果。利用该工具在图像中涂抹可以使图像亮度降低。
- ➢ 海绵工具：主要用于精确地增加或减少图像的饱和度，在特定的区域内拖动，会根据不同图像的不同特点来改变图像的颜色饱和度和亮度。利用"海绵工具"，能够自如地调节图像的色彩效果，从而让图像色彩效果更完美。

（四）效果修饰工具

效果修饰工具组包括 3 个工具，分别是"模糊工具""锐化工具""涂抹工具"，如图 2-43 所示。

图 2-43　效果修饰工具组

- ➢ 模糊工具：用于对选定的图像区域进行模糊处理，能够让选定区域内的图像更为柔和。
- ➢ 锐化工具：用于在图像的指定范围内涂抹，以增加颜色的强度，使颜色柔和的线条更锐利，图像的对比度更明显，图像也变得更清晰。
- ➢ 涂抹工具：用于在指定区域中涂抹像素，以扭曲图像的边缘。当图像中颜色与颜色的边界生硬时，利用涂抹工具能够使图像的边缘变得柔和。

（五）擦除工具

橡皮擦工具组包含 3 个工具，分别为"橡皮擦工具""背景橡皮擦工具""魔术橡皮擦工具"，如图 2-44 所示。使用该工具组中的工具，可以更改图像的像素，有选择地擦除图像或擦除相似的颜色。

图 2-44　橡皮擦工具组

➤ 橡皮擦工具：使用该工具可以更改图像中的像素。如果使用"橡皮擦工具"擦除背景图层，则被擦除的部分将更改为当前设置的背景色；如果擦除的是普通图层，则被擦除的部分将显示为透明效果。

➤ 背景橡皮擦工具：使用该工具可以擦除图层中的图像，并使用透明区域替换被擦除的区域。使用背景橡皮擦工具擦除图像时，可以指定不同的取样容差来控制透明度的范围和边界的锐化程度。

➤ 魔术橡皮擦工具：使用该工具在图像中单击要擦除的颜色，可以自动更改图像中所有相似的颜色。如果是在锁定了透明的图层中工作，则被擦除区域会更改为背景色，否则像素会抹为透明。

（六）绘画工具

（1）画笔工具。通常用来绘制线条和图像，而且用户在绘制时使用的颜色为前景色。它的使用方法是：选择工具箱中的"画笔工具" ，然后在其属性栏中选择"画笔"。

（2）渐变工具。可在图像文件中或指定的选区内填充渐变色。

（3）油漆桶工具。主要用于在图像或选择区域内，对指定色差范围内的色彩区域进行色彩或图案的填充。其操作方法很简单，首先在工具箱中选择"油漆桶工具" ，然后在当前图像中的某一位置单击鼠标左键，与单处像素点颜色相同或相近的区域都可被填充。

（4）吸管工具。可以将图像中的某个像素点的颜色定义为前景色或背景色。使用方法非常简单，先选择"吸管工具" ，然后在需要的颜色像素上单击即可。

（七）网格、参考线和标尺

1. 网格

Photoshop 的网格可以帮助用户精确定位鼠标位置。执行"视图"|"显示"|"网格"命令可显示网格，如图 2-45 所示。

要使鼠标自动寻找网格，可执行"视图"|"对齐到"|"网格"命令，此时无论是制作选区还是移动选区，或是移动图像，系统都会自动寻找网格边缘，使选区或图像与网格对齐。

2. 标尺

标尺可以精确显示鼠标所在的位置。按 Ctrl+R 组合键，或者执行"视图"|"标尺"命令可显示标尺，如图 2-46 所示。

利用工具箱中的标尺工具 ，可以方便地测量任意两点之间的距离和角度。

标尺的使用方法很简单，在工具箱中选中标尺工具 后，在图像中要测量的起点处单击，然后拖动鼠标到要测量的终点，则工具属性栏和信息控制面板将显示测量结果。

3. 参考线

参考线主要用于对齐目标。要创建参考线，必须首先显示标尺，然后在标尺上单击并拖动鼠标。拖动水平标尺可创建水平参考线，拖动垂直标尺可创建垂直参考线，参考线可创建多条，如图 2-47 所示。

选择移动工具 或按下 Ctrl 键，将鼠标移至参考线上，待鼠标变为 形状时，单击并拖动鼠标可移动参考线。如果将参考线拖出图像窗口，则会删除参考线。如果要保持参考线的位置固定不变，可执行"视图"|"锁定参考线"命令将参考线锁定。

执行"编辑"|"首选项"|"单位与标尺"和"编辑"|"首选项"|"参考线、网格和切片"命令，可打开相应对话框进行标尺的单位、网格的大小、参考线和切片的颜色等设置。

项目二
图形图像技术与应用

图 2-45　网格　　　　　　图 2-46　标尺　　　　　　图 2-47　参考线

案例——人物照片的变换

（1）执行"文件"｜"打开"命令，打开源文件中的小孩 1.jpg 和小孩 2.jpg 图片，如图 2-48 所示。

（a）小孩 1.jpg　　　　　　　　　　　（b）小孩 2.jpg

图 2-48　素材图片

（2）选中图 2-48（b）中的头像，使用"套索工具"围绕头部绘制一个如图 2-49 所示的选区。做好选区之后，按下快捷键 Ctrl+C 复制头部。在图 2-48（a）所示图片中按下快捷键 Ctrl+V，将刚才复制的头部粘贴为一个新的图层，结果如图 2-50 所示。

（3）按下快捷键 Ctrl+T 可以对粘贴得到的头像进行自由变换，这时在其周围出现调节句柄。根据底部的半身照片适当调整头像的大小和位置，结果如图 2-51 所示。调整完毕后按回车键确认变换。

（4）确认现在图层调板中选中的是头像所在图层，即图层 1，选择工具箱中的"橡皮擦工具"，适当放大视图，然后沿头像的面部边缘擦除多余的像素，如图 2-52 所示。

（5）如果此前擦除像素后露出了底部图层中的部分图像，则现在需要将它去除。选中半身图片所在图层，使用"仿制图章工具"克隆背景像素，将底层头发部分掩盖掉，这样就只看到复制得到的另一幅头像了。对其他位置也可以用类似的方法进行修整。调整后的效果如图 2-53 所示。

31

图 2-49　创建选区　　　　　图 2-50　粘贴头像

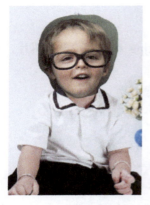  

图 2-51　调整头像位置　　图 2-52　擦除头像边缘多余部分　　图 2-53　使用仿制图章工具后的效果

二、图像的颜色调整

图像的颜色调整是指对图像的色相、饱和度、对比度等进行调整。Photoshop 的图像调整命令均集中在"图像"|"调整"菜单中,打开菜单后,可选择相应的命令对图像进行调整。使用这些命令可以调整选中的整个图层的图像或选取范围内的图像。"调整"菜单如图 2-54 所示。

- 色阶:此命令是 Photoshop 非常重要的图像调整命令之一。它可以通过调节图像的暗部、中间色调及高光区域的色阶来调整图像的色调范围及色彩平衡。
- 自然饱和度:调整增加与已饱和的颜色相比不饱和颜色的饱和度。
- 色相/饱和度:使用该命令,可以调整图像中特定颜色范围的色相、饱和度和明度。
- 黑白:使用该命令,可以将彩色图像转换为黑白图像。
- 曲线:该命令是 Photoshop 非常有用的色彩调整命令之

图 2-54　"调整"菜单

一，利用该命令可以调整图像的亮度、对比度和色彩等。

- 色彩平衡：彩色图像由各种单色组合而成，每种单色的变化都会影响图像的色彩平衡。色彩平衡调整命令允许用户对单色进行调整来改变图像的显示效果。
- 亮度/对比度：可方便地调整图像的亮度和对比度。
- 反相：该命令在处理特殊效果时经常被用到，其作用很直观，即反转图像的颜色，如黑变白、白变黑等。反相命令是唯一不丢失颜色信息的命令，也就是说，用户可再次执行该命令来恢复原图像。
- 阈值：利用该命令可将图像转换为黑白两色图像。此命令允许用户将某个色阶定为阈值，所有比该阈值亮的像素会被转换为白色，所有比该阈值暗的像素会被转换为黑色。
- 色调分离：该命令与阈值命令类似，也用于减少色调，不同之处在于色调分离处理后的图像仍为彩色图像。
- 色调均化：用于重新分布图像中像素的亮度值。在使用此命令时，Photoshop 会自动查找图像中最亮和最暗的像素，使最亮的变为白色，最暗的变为黑色，其余的像素也相应地进行调整。
- 去色：用于去除图像的彩色，使其变为灰度图像。注意，此命令并不改变图像的颜色模式，如原图为 RGB 模式，转换后的图像仍为 RGB 模式，只是变为灰度图了。
- 可选颜色：该命令用于有针对性地对红色、黄色、绿色、蓝色等颜色进行调整。
- 匹配颜色：可以匹配两幅图像或一幅图像中两个图层的颜色，使它们看起来外观一致。此技术常用于人像、时装和商业照片的处理。
- 阴影/高光：适用于校正由强逆光而形成剪影的照片，或者校正由于太接近相机闪光灯而有些发白的焦点。在用其他方式采光的图像中，这种调整也可用于使暗调区域变亮。阴影/高光命令不是简单地使图像变亮或变暗，它基于阴影或高光中的周围像素（局部相邻像素）增亮或变暗，该命令允许分别控制暗调和高光。默认值设置为修复具有逆光问题的图像。
- 曝光度：用于调整 HDR 图像的色调，也可用于调整 8 位和 16 位图像。曝光度是通过在线性颜色空间（灰度系数为 1.0）而不是图像的当前颜色空间执行计算而得出的。

案例——汽车变色

（1）执行"文件"|"打开"命令，打开源文件中的汽车.png 和界面.jpg"图片，如图 2-55 和图 2-56 所示。

图 2-55　汽车.png

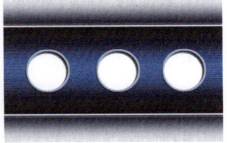

图 2-56　界面.jpg

（2）将汽车复制到界面图像的一个图层中（图层1），执行"编辑"|"自由变换"命令，适当变换其大小，置于图中左侧的一个圆中，如图 2-57 所示。

（3）复制汽车，放置到中间的圆处，选中汽车，执行"图像"|"调整"|"反相"命令，结果如图 2-58 所示。

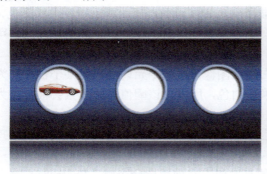

图 2-57　复制汽车

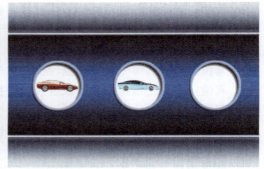

图 2-58　"反相"调整

（4）再次复制红色汽车，将其移至右侧的圆中，执行"图像"|"调整"|"色相/饱和度"命令，弹出"色相/饱和度"对话框，设置如图 2-59 所示，最终效果如图 2-60 所示。

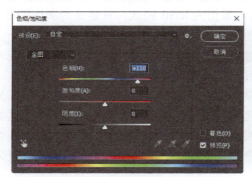

图 2-59　"色相/饱和度"对话框

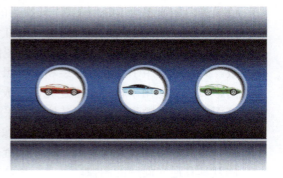

图 2-60　最终效果

任务 4　图层、通道和滤镜

任务引入

一些物理现象需要将许多个图像叠加在一起，并添加滤镜特效才能达到小李所需的效果。那么，在 Photoshop 软件中如何将多个图像进行合并？又如何在图像上添加效果呢？

知识准备

一、图层

图层是 Photoshop 的核心，Photoshop 绝大部分的操作和复杂的图像显示效果都是在图层上完成的。

（一）图层操作

1. 新建图层

（1）创建新图层。可以直接单击图层面板下面的"创建新图层"按钮，也可以单击图层面板右上角的■按钮，在弹出的菜单中选择"新建图层"选项。

（2）创建调整图层。调整图层是很有用的图层，它使图像编辑更具灵活性。利用调整图层，用户可将"色阶""曲线""色相/饱和度"等调整命令制作的效果单独放在一个图层中，而原图并未真正改变。以后只需简单地打开或关闭调整图层，即可为图像添加或撤销某一种或多种调整效果，如果对调整效果不满意，可双击调整图层上的缩略图，打开设置对话框，重新进行调整。

单击图层控制面板中的●按钮，将弹出"调整"菜单，在其中选择适当的菜单项来创建调整图层，也可选择"图层"|"新建调整图层"命令，在弹出的子菜单中进行选择来创建调整图层。

（3）创建填充图层。填充图层也是一种带图层蒙版的图层，其内容可为实色、渐变色或图案。用户可以将填充图层转换为调整图层，随时更换其内容，也可以通过对图层蒙版的编辑制作各种特殊效果。

在"图层"|"新建填充图层"子菜单中有 3 个菜单项："纯色"、"渐变"和"图案"，可以根据需要选择相应命令创建填充图层。

2. 复制图层和删除图层

（1）复制图层。在图层上单击鼠标右键，选择"复制图层"，也可以将需要复制的图层直接拖入图层属性面板右下角的"创建新图层" ■按钮中。

（2）删除图层。在图层上单击鼠标右键，选择"删除图层"，也可以将需要删除的图层直接拖入图层属性面板右下角的"删除图层"■按钮中。

3. 合并图层

在处理图像时，为了节省磁盘空间或者由于操作的需要，往往需要将一些图层合并为一个图层，这就要用到图层合并命令。"图层"菜单栏和图层控制面板的快捷菜单中有 3 个图层合并命令，如图 2-61 所示。

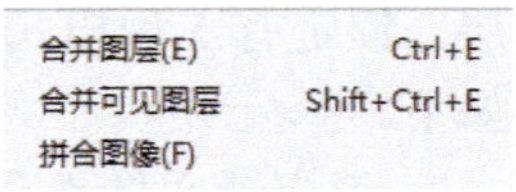

图 2-61　图层合并命令

- 合并图层：选取该命令，可以将当前图层合并到下方的图层中，其他图层保持不变。使用该命令合并图层时，需要将当前图层的下一图层设为显示状态。该命令的快捷键为 Ctrl+E。
- 合并可见图层：选取该命令，可将图像中所有显示的图层合并，而隐藏的图层则保持不变。该命令的快捷键为 Shift+Ctrl+E。
- 拼合图像：选取该命令，可将图像中所有显示的图层拼合到背景图层中，如果图像中没有背景图层，则将自动把拼合后的图层作为背景图层。如果图像中含有隐藏的图层，则将在拼合过程中丢弃隐藏的图层。在丢弃隐藏的图层时，Photoshop 会弹出提示对话框，提示用户是否确定要丢弃隐藏的图层。

4. 对齐图层

在当前图层有链接图层时,选择"图层"|"对齐"命令,将弹出如图 2-62 所示的子菜单,选择其中的命令,以当前图层为准重新排列链接图层。

图 2-62 对齐链接图层菜单

用户必须建立两个或两个以上的链接图层,"对齐"命令才有效。图 2-63~图 2-67 给出了几种对齐方式的效果。

图 2-63 原图　　　　　　图 2-64 顶边对齐

图 2-65 垂直居中对齐　　图 2-66 左边对齐　　图 2-67 水平居中对齐

5. 锁定图层

对图层进行锁定,是为了在作图的过程中不影响锁定的图层。锁定有 5 种模式,如图 2-68 所示。其中各种模式的含义如下。

➢ 锁定透明像素 ▨:只锁定画面中透明的部分,而有颜色像素的地方可以进行修改和移动。

➢ 锁定图像像素 ✔:锁定有颜色像素的地方,这时不能对图片进行修改,但是可以移动。

➢ 锁定位置 ✥:锁定后可以对图片进行修改,但是不能移动位置。

➢ 防止在画板和画框内外自动嵌套 ▷:锁定后可以对图片进行修改,也可以移动位置。

➢ 锁定全部 🔒:不能进行修改,也不能移动。

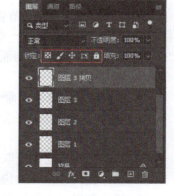

图 2-68 5 种锁定模式

6. 图层的不透明度

透明度有两种模式,一种是对整个图层的不透明度进行修改,包括图层样式;另一种是只降低图层中像素的不透明度,而不改变其图层样式的透明度。图层的不透明度直接影响图层中图像的透明效果,设置数值为 0%~100%,数值越大,则图像的透明效果越弱。

案例——制作不透明度效果

（1）执行"文件"|"打开"命令，打开源文件中的晚霞.jpg 和美女.jpg 图片，如图 2-69 所示。

（a）晚霞.jpg

（b）美女.jpg

图 2-69　素材图片

（2）单击工具箱中的"移动工具"按钮 ，将人物图片拖到风景图片中，适当调整人物的大小和位置，如图 2-70 所示。

（3）在图层控制面板中，将不透明度设置为 30%，如图 2-71 所示。此时人物图和风景图融合，呈现出一种淡入淡出的画面效果，如图 2-72 所示。

图 2-70　调整位置　　　　图 2-71　设置不透明度　　　　图 2-72　效果图

（二）图层的混合模式

图层混合就是按照某种算法混合上、下两个图层的像素，以做出特殊的效果。在如图 2-73 所示的图层面板中，可以看到很多种图层的混合模式。

➢ 正常：图层混合模式的默认方式，是图层的标准模式。在"正常"模式下，图层中的图像将覆盖背景图层的对应区域，如果不透明度设置为 100%，那么背景图层的图像将被该图层的图像完全覆盖，逐渐减小不透明度，背景图层的图像就会慢慢显现。

➢ 溶解：将前景色或图像以颗粒的形状随机分配在选区中。当不透明度为 100%时，"溶解"模式不起作用；当不透明度小于 100%时，图层中的图像将会逐渐溶解，部分像素消失，消失的部分显示背景图层的图像。

➢ 变暗：选择该模式，系统将比较当前层和背景层对应点的像素，用当前层中较暗的像素取代背景层中较亮的像素，背景层中较暗的像素不变。

➢ 正片叠底：此模式将当前图层和背景图层像素颜色的灰度级进行乘法运算，得到灰度级更低的颜色，即显示较暗的颜色，而灰度级较高的颜色不予显示。

➢ 颜色加深：该模式将使图层中的颜色加深、亮度变暗。

➢ 线性加深：该模式下，系统将查看每个通道中的颜色信息，并通过减小亮度使基色变暗以反映混合色，与白色混合后不产生变化。

➢ 变亮：与变暗模式相反，系统将比较当前层和背景层对应点的像素，用当前层中较亮的像素取代背景层中较暗的像素，背景层中较亮的像素不变。

➢ 滤色：选择该模式时，系统将当前层与背景层的互补色相乘，再转为互补色，得到的图像通常比较浅。

➢ 颜色减淡：该模式将提高当前图层像素的亮度值，从而加亮图层的颜色值，使图层的颜色减淡。

➢ 线性减淡（添加）：该模式下，系统将查看每个通道中的颜色信息，并通过增加亮度使基色变亮以反映混合色，与黑色混合则不发生变化。

图 2-73 图层的混合模式

➢ 叠加：该模式将当前图层与背景图层的颜色相叠加，并保持背景图层颜色的明暗度。

➢ 柔光：该模式用于调整当前图层的颜色灰度。当灰度小于 50%时，图像变亮；当灰度大于 50%时，图像变暗。

➢ 强光：如果当前图层颜色灰度大于 50%，则以滤色模式混合；如果当前图层颜色灰度小于 50%，则以正片叠底模式混合。

➢ 亮光：通过增加或减小对比度来加深或减淡颜色，具体取决于混合色。如果混合色比 50%灰色亮，则通过减小对比度使图像变亮。

➢ 线性光：通过减小或增加亮度来加深或减淡颜色，具体取决于混合色。如果混合色比 50%灰色亮，则通过增加亮度使图像变亮。

➢ 点光：替换颜色，具体取决于混合色。如果混合色比 50% 灰色亮，则替换比混合色暗的像素，而不改变比混合色亮的像素。如果混合色比 50% 灰色暗，则替换比混合色亮的像素，而不改变比混合色暗的像素。

➢ 差值：选择该模式时，系统以当前图层和背景图层颜色中较亮颜色的亮度减去较暗颜色的亮度。如果当前图层颜色为白色，则合成效果将使背景颜色反相；如果当前图层颜色为黑色，则合成后背景颜色不变。

➢ 排除：与白色混合将反转颜色，与黑色混合则不发生变化。

➢ 色相：用背景层的亮度和饱和度以及混合色的色相创建结果色。

➢ 饱和度：选择该模式，当前图层颜色的饱和度决定合成后的图像的饱和度，而亮度和色相由背景图层颜色决定。

➢ 颜色：选择该模式，当前图层颜色的色相和饱和度决定合成后的图像的色相及饱和度，而亮度由背景图层颜色决定。
- 亮度：此模式与颜色模式相反。

（三）图层样式

在 Photoshop 中，可以为图层的图像和文字加上各种各样的效果，这就是图层样式。Photoshop 预置了很多样式，执行"图层"|"图层样式"|"混合选项"命令，弹出如图 2-74 所示的样式面板。双击需要添加图层样式的图层，可以弹出"图层样式"对话框。

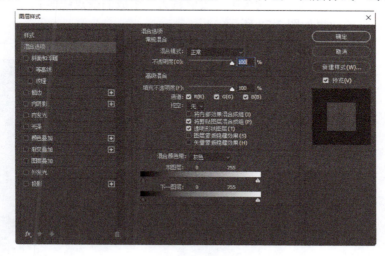

图 2-74　样式面板

除了 10 种默认的图层效果，"图层样式"对话框中还有两个额外的选项——"样式"和"混合选项"。"样式"显示了所有被存储在样式面板中的样式。所谓样式，就是一种或更多的图层效果或图层混合选项的组合。单击旁边的设置按钮，出现的下拉菜单中会出现导入样式等命令，还可以在此改变样式缩览图的大小。在选中某种样式后，可以对它进行重命名和删除操作。在创建并保存了自己的样式后，它们会同时出现在"图层样式"对话框中的"样式"选项和"样式"调板中。

案例——制作投影效果

（1）新建一个空白文档，设置前景色颜色 RGB 为 250/141/145，利用椭圆工具绘制一个椭圆形。在上述图中勾选投影，在如图 2-75 所示的投影选项下根据自己的需要设置参数。各参数的主要含义如下。
- 混合模式：可以在此选项中选择投影的混合模式。
- 不透明度：此选项决定了投影的不透明度。
- 角度：此选项决定了投影的角度。
- 使用全局光：勾选此选项，可使所有图层使用的光源角度相同。如果不勾选此选项，设置的光源角度只作用于当前图层效果，其他图层效果可以设置其他光源角度。
- 距离：此选项决定了图像的投影与原图像之间的距离。数值越大，投影离原图像越远。
- 扩展：此选项决定了投影边缘的扩散程度，当其下方的"大小"选项值为 0 时，此选项不起作用。

➢ 大小：此选项决定了产生的投影的大小。数值越大，投影越大，且会产生一种逐渐从阴影色到透明的渐变效果。
➢ 等高线：此选项用于调整阴影的投射样式，设计者可以选择预设的样式，如图 2-76 所示，也可以根据自己的想法自定义投射样式。单击"等高线"选项右侧的图标，将弹出如图 2-77 所示的对话框，在此对话框中可以重新编辑等高线的样式。
➢ 消除锯齿：勾选此选项，可以使投影周围像素变得平滑。
➢ 杂色：决定投影生成杂点的多少。数值越大，生成的杂点越多。

设置好参数后的效果如图 2-78 所示。

图 2-75 "投影"选项

图 2-76 预设样式

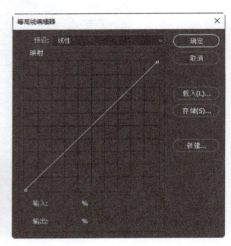

图 2-77 等高线编辑器

（2）观察图层面板，在添加了效果之后，图层后面会多出一个"fx"字样，如图 2-79 所示。这时的椭圆形已经加了投影的效果。如果要关闭效果，只要单击效果前面的 ◉ 按钮就可以了。

图 2-78 添加投影效果

图 2-79 添加图层样式后的图层面板

（四）图层蒙版

1. 创建图层蒙版

（1）直接添加图层蒙版。单击"图层"面板中的"添加图层蒙版" ▭ 按钮，可为当前图层创建一个白色的图层蒙版，画面中会显示当前图层的内容，相当于执行"图层"|"图

层蒙版"|"显示全部"命令。按住 Alt 键并单击"添加图层蒙版" ▢按钮，可创建一个黑色的蒙版，黑色的蒙版会遮住当前图层的所有内容，相当于执行"图层"|"图层蒙版"|"隐藏全部"命令。

（2）从选区创建蒙版。在创建蒙版时，如果当前文件中存在选区，则可以从选区中创建蒙版。

2．编辑图层蒙版

图层蒙版创建以后可以使用绘画工具、渐变工具和滤镜编辑图层蒙版，从而创建图像的合成效果。

（1）用绘画工具编辑图层蒙版。图层蒙版可以使用几乎所有的绘画工具进行编辑，如画笔、加深、减淡、模糊、锐化、涂抹等工具。由于绘画工具可以设置画笔的样式和压力等属性，因此在编辑蒙版时具有较大的灵活性。

画笔工具是编辑蒙版时最常用的工具。当需要隐藏图像时，可以使用黑色在蒙版上涂抹；当需要显示图像时，可以使用白色在蒙版上涂抹；当需要显示当前图层与下面图层的融合效果时，可以使用灰色在蒙版上涂抹。选择具有揉边圆的画笔可以使图像的边缘融合得更加自然。

（2）用渐变工具编辑图层蒙版。用渐变工具编辑图层蒙版可以创建平滑的图像合成效果。

案例——向日葵宝宝

（1）打开两张图片素材，如图 2-80 所示。将向日葵图片拖到宝宝的图片中，得到"图层 1"。

（a）宝宝　　　　　　　　　　　　　（b）向日葵

图 2-80　素材图片

（2）单击"图层"面板中的"添加图层蒙版" ▢按钮，为"图层 1"添加显示全部的图层蒙版。

（3）在图层蒙版缩览图上单击鼠标左键以选择图层蒙版，并设置前景色为黑色，选择画笔工具，设置笔尖大小为 320 像素，硬度为 60%，在图层蒙版上涂抹，图像的合成效果如图 2-81 所示。

图 2-81　合成效果

二、通道

通道实际上是存储图像基本颜色（原色）信息的渠道，如 RGB 图像有 RGB、红、绿、蓝 4 个通道，CMYK 图像有 CMYK、青色、洋红、黄色、黑色 5 个通道，而灰度图像只有一个灰色通道等。

此外，还有一种 Alpha 通道，用于保存蒙版，其作用是让被屏蔽区域不受任何编辑操作的影响，从而增强图像编辑的弹性。

（一）通道面板

执行"窗口"|"通道"命令，将显示如图 2-82 所示的通道控制面板。它仅有通道列表区、显示标志列、通道操作按钮和快捷菜单按钮。通道控制面板的操作和图层控制面板相似，不同的是，每个通道都有一个对应的快捷键，用户可以在不打开通道控制面板的情况下选中某个通道。

单击通道控制面板右上角的■按钮，将打开如图 2-83 所示的快捷菜单。在此菜单中可选择相关命令来新建通道、复制通道、删除通道、分离通道、合并通道等。其中，选择"分离通道"命令，系统会将当前文件分离为仅包含各原色通道信息的若干个单通道灰度图像文件，如 RGB 图像将被分离为 3 个文件，CMYK 图像将被分离为 4 个文件。选择"合并通道"命令又可将分离后的文件合并。选择"面板选项"命令将弹出如图 2-84 所示的对话框，在这个对话框中可设置通道列表区中缩略图显示的大小，在图层控制面板中也能找到相应的选项。

图 2-82　通道控制面板　　图 2-83　快捷菜单　　图 2-84　"通道面板选项"对话框

通道控制面板中各按钮的意义如下。

> ▣ 按钮：用于安装选区按钮。如果用户希望将通道中的图像内容转换为选区，可在选中该通道后单击此按钮。这和按住 Ctrl 键单击该通道的效果相同。
> ▣ 按钮：蒙版按钮。单击此按钮可将当前图像中的选区转变为一个蒙版，并保存到新增的 Alpha 通道中。
> ▣ 按钮：创建新通道按钮，最多可创建 24 个通道。新建的通道均为 Alpha 通道。
> ▣ 按钮：删除当前通道按钮，不能删除 RGB、CMYK 等通道。

（二）通道操作

1. 创建 Alpha 通道

单击通道控制面板中的▣按钮，或者单击通道面板右上角的▣按钮，在弹出的快捷菜单中选择"新建通道"命令，即可创建新的 Alpha 通道。选择该命令时系统会打开如图 2-85 所示的"新建通道"对话框。

用户可通过该对话框设置通道名称、通道指示颜色和不透明度等。"色彩指示"选项组有两个选项，表示通道不同的颜色显示方式。若选择"被蒙版区域"单选按钮，表示新建通道中黑色区域代表蒙版区，白色区域代表保存的选区；若选择"所选区域"单选按钮，则表示新建通道中白色区域代表蒙版区，黑色区域代表保存的选区。

图 2-85　"新建通道"对话框

2. 创建专色通道

专色通道主要用于辅助印刷，它可以使用一种特殊的混合油墨替代或附加到图像颜色油墨中。我们知道，印刷彩色图像时，图像中的各种颜色都是通过混合 CMYK 四色油墨获得的。而出于色域的原因，通过混合 CMYK 四色油墨无法得到某些特殊的颜色，此时便可借助专色通道为图像增加一些特殊混合油墨来辅助印刷。在印刷时，每个专色通道都有一个属于自己的印板。也就是说，当打印一个包含有专色通道的图像时，该通道将被单独打印输出。

要创建专色通道，可执行通道快捷菜单中的"新建专色通道"命令，此时将弹出如图 2-86 所示的"新建专色通道"对话框。用户可通过该对话框设置通道名称、油墨颜色和油墨密度。

"密度"设置只是用来在屏幕上显示模拟打印效果，对实际打印输出并无影响。如果在新建专色通道前制作了选区，则新建专色通道后，系统将在选区内填充专色通道颜色。

3. 复制通道

在使用通道的过程中，为了图像处理的需要或者为了防止因为不可恢复的操作使得通道不能还原，往往需要复制通道。

复制通道的方法和复制图层的方法基本相同。首先选中要复制的通道，然后执行通道快捷菜单中的"复制通道"命令，此时系统将打开如图 2-87 所示的"复制通道"对话框。用户可通过该对话框设置通道的名称，指定通道复制到的文件（默认为通道所在的文件），以及是否将通道内容取反。

图 2-86 "新建专色通道"对话框　　　　　　图 2-87 "复制通道"对话框

　　用户也可在通道控制面板中直接将通道拖至 ■ 按钮上复制通道，不过，用这种方法复制通道系统将不会给出"新建专色通道"对话框。复制的通道名称也是系统默认给出的。

4．删除通道

　　每一个通道都将占用一定的系统资源，因此，为了节省文件存储空间和提高图像处理速度，应该将一些不再使用的通道删除。可在通道控制面板中选中要删除的通道，执行通道快捷菜单中的"删除通道"命令或单击通道控制面板中的 ■ 按钮，将通道删除。

　　如果删除了某个原色通道，则通道的色彩模式将变为多通道模式。

5．分离和合并通道

　　利用通道快捷菜单中的"分离通道"命令，可将一个图像文件中的各通道分离出来，各自成为一个单独的文件。不过，在分离通道之前，应首先将所有图层合并，否则此命令将不可使用。

　　分离后的各个文件都将以单独的窗口显示在屏幕上，且均为灰度图像，用户可分别对每个文件进行编辑。执行通道快捷菜单中的"合并通道"命令可将分离后的通道再次合并。执行该命令将弹出如图 2-88 所示的"合并通道"对话框，用户可在该对话框中选择合并后图像的色彩模式，并可在"通道"编辑框中输入合并通道的数目，此数目应小于或等于文件分离前拥有的通道数目，但至少应合并两个通道。设置好后单击"确定"按钮，系统将弹出如图 2-89 所示的对话框，供用户选择要合并的文件，单击"模式"按钮可回到图 2-88 所示对话框。

图 2-88 "合并通道"对话框　　　　　　图 2-89 "合并多通道"对话框

　　不同文件经过"分离通道"分离出来的文件不可交叉合并，源文件中的 Alpha 通道文件可一起合并。同样，在合并通道前，应合并各单独文件的所有图层。

案例——为模特添加背景

（1）执行"文件"|"打开"命令，打开源文件中的模特.jpg 图片，如图 2-90 所示。

（2）切换到通道面板，选中红色通道，将红色通道复制出来，用于接下来的抠图操作，如图 2-91 所示。

图 2-90　素材图片

图 2-91　通道面板

（3）执行"图像"|"调整"|"色阶"命令，或者使用快捷键 Ctrl+L，弹出如图 2-92 所示的对话框，调整好后进一步加强了红色通道拷贝的黑白对比度，如图 2-93 所示。

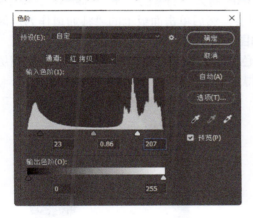
图 2-92　"色阶"对话框

图 2-93　加强黑白对比度

（4）执行"图像"|"调整"|"反相"命令，或者使用快捷键 Ctrl+I 执行反相操作，如图 2-94 所示。再次使用色阶命令调整黑白对比度。

图 2-94　反相

（5）执行"图像"|"调整"|"曲线"命令，或者使用快捷键 Ctrl+M，弹出如图 2-95 所示的对话框，调整好参数，进一步加强图像的黑白对比度，如图 2-96 所示。

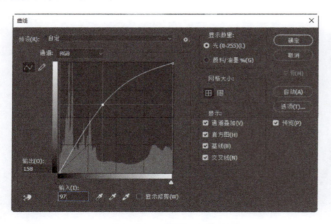 

图 2-95 "曲线"对话框　　　　　　　图 2-96 进一步加强黑白对比度

（6）使用画笔工具，设置画笔像素为 300，将人物的黑色部分全部涂白，如图 2-97 所示。

（7）确定红色通道拷贝图层为当前图层，然后单击面板上的"将通道作为选区载入"按钮，这时美女的轮廓呈选区状态，如图 2-98 所示。

（8）选择 RGB 通道，显示完整的彩色图片效果，如图 2-99 所示。切换到图层面板，使用快捷方式"Ctrl+J"将选区内容复制得到一个新图层，如图 2-100 所示。

图 2-97 将人物的黑色部分全部涂白　　　　图 2-98 创建选区

（9）打开一张素材背景图片，将它拖动到美女图片的下层，并调整好位置，如图 2-101 所示。

图 2-99 显示 RGB 通道　　　图 2-100 复制新图层　　　图 2-101 添加背景

三、滤镜

Photoshop 的滤镜命令只对当前选中的图层和通道起作用。如果图像中制作了选区，则只对选区内的图像进行处理，否则将对整个图像进行处理。

绝大多数的滤镜命令都不能应用于文字图层，要对文字执行滤镜命令，必须首先将文字图层栅格化为普通图层。

当执行完一个滤镜命令后，在"滤镜"菜单的第一行会出现刚才使用过的滤镜命令，单击它，可快速重复执行该命令。

"滤镜"菜单如图 2-102 所示。

在位图、索引色和 16 位的色彩模式下不能使用滤镜。此外，对于不同的色彩模式，其使用范围也不同，在 CMYK 和 Lab 模式下，部分滤镜不能使用，如"素描"、"纹理"和"艺术效果"等滤镜。

只对局部选区进行滤镜效果处理时，可以对选区设定羽化值，使处理的区域能自然地与原图像融合。

在任一滤镜的对话框中，按下 Alt 键，对话框中的"取消"按钮将变为"复位"按钮，单击该按钮，可使滤镜设置恢复到刚打开对话框时的状态。

在"滤镜"菜单中共有十几个 Photoshop 自带滤镜组，而每个滤镜组中又有若干个滤镜命令。

1. "滤镜库"命令

执行"滤镜"|"滤镜库"命令，打开"滤镜库"对话框，如图 2-103 所示。

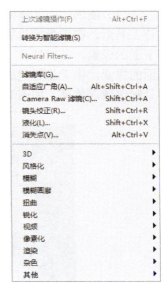

图 2-102 "滤镜"菜单

图 2-103 "滤镜库"对话框

对话框左侧为图像预览区域，中间为陈列的分类滤镜，右侧为选中滤镜的参数设置区域。

2. "液化"命令

利用"液化"命令，可以制作出逼真的液体流动的效果，如弯曲、湍流、漩涡、扩展、收缩、移位和反射等。但是，该命令不能用于索引色、位图和多通道模式的图像。

下面以若干实例来说明如何运用"液化"命令制作出各种液体流动的效果。

（1）弯曲。打开一幅图像后，执行"滤镜"|"液化"命令，打开"液化"对话框，在该对话框中选择"向前变形工具"，然后在右侧的设置区设置适当的画笔大小和压力，在图像编辑窗口中单击并拖动鼠标，即可为图像制作弯曲的液体流动效果，如图 2-104 所示。

（2）漩涡。用"液化"对话框中的"顺时针旋转扭曲工具"，可以旋转图像。选中该工具后，在图像编辑窗口中单击并按住鼠标左键不放或拖动鼠标，即可顺时针旋转笔刷下面的像素，若在按住 Alt 键的同时按住鼠标左键不放或拖动鼠标，可逆时针旋转笔刷下面的像素。由于靠近笔刷边缘的像素要比靠近笔刷中心的像素旋转慢，因而可以利用该工具制作漩涡效果，如图 2-105 所示为顺时针旋转扭曲的效果图。

图 2-104　液化效果

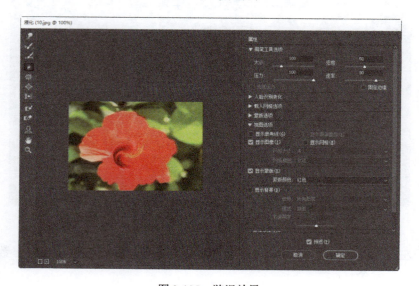

图 2-105　漩涡效果

（3）收缩和扩展。选择"液化"对话框中的"褶皱工具"和"膨胀工具"，在图像编辑窗口中单击并按住鼠标左键不放或拖动鼠标，即可收缩和扩展笔刷下面的像素，如图 2-106 所示。

图 2-106　褶皱和膨胀效果

利用收缩和扩展工具，可以很方便地改变人的长相和体形，制作出一些特殊效果。

（4）移动像素。选择"液化"对话框中的"左推工具"，在图像编辑窗口中单击并拖动鼠标，系统将在垂直于鼠标移动方向的方向上移动像素。默认情况下，向右移动鼠标，像素向上移；向上移动鼠标，像素向左移。若按住 Alt 键移动鼠标，像素移动的方向相反，如图 2-107 所示。

图 2-107　移动像素效果

在"液化"对话框中，如果希望将图像恢复到初始状态，可在对话框右侧的"重建选项"选项组中单击"恢复全部"按钮。

选择"液化"对话框中的"重建工具"，并在对话框右侧的"重建选项"选项组的"模式"下拉列表中选择"恢复"，然后用鼠标在图像窗口中涂抹，可部分或全部恢复图像的先前状态。

选择"液化"对话框中的"冻结蒙版工具"，在图像编辑窗口中涂抹，可以设置冻结区域，即受保护区域，此时变形操作对区域内的像素不会有影响；要想解冻该区域，可选中"解冻蒙版工具"，然后在冻结区涂抹即可。

3. "消失点"命令

消失点工具使得用户可以方便地处理图像的透视关系。

案例——飞盘消失

（1）打开如图 2-108 所示的图像,从图中可以看出,在具有远小近大透视关系的草地上有一个飞盘,我们来尝试利用消失点工具将飞盘从草地上清除。

图 2-108 素材图像

（2）执行"滤镜"|"消失点"命令,打开"消失点"对话框,如图 2-109 所示。

图 2-109 "消失点"对话框

（3）首先选中"创建平面工具"制作透视平面,如图 2-110 所示。然后选中"图章工具",按住 Alt 键在图中单击选取参考点,如图 2-111 所示。

（4）在图中单击并拖动鼠标复制图像覆盖刷子所在位置,在复制图像的过程中可在对话框中设置直径、硬度、不透明度和修复等参数以达到最佳效果,复制图像的过程以及制作完成后的图像如图 2-112 和图 2-113 所示。

图 2-110　制作透视平面

图 2-111　选取参考点

图 2-112　复制图像

图 2-113　最终效果

（一）"像素化"滤镜组

"像素化"滤镜组中的滤镜通过使单元格中颜色值相近的像素结成块来清晰地定义一个选区，该滤镜组中有 7 个滤镜命令，部分滤镜命令的功能和作用如下。

- 彩色半调：可模仿产生铜版画的效果，即在图像的每一个通道扩大网点在屏幕的显示效果。
- 晶格化：使像素结块形成多边形纯色。
- 马赛克：把具有相似色彩的像素合成更大的方块，并按原图规则排列，模拟马赛克的效果。

（二）"扭曲"滤镜组

"扭曲"滤镜组中的滤镜可以按照各种方式对图像进行几何扭曲，它们的工作手段大多是对色彩进行位移或插值等操作。

- 切变：使用切变滤镜可以沿一条用户自定义曲线扭曲一幅图像。在"切变"滤镜对话框中的曲线设置区，可任意定义扭曲曲线的形状，其中，在曲线上单击可创建结点，然后拖动结点即可改变曲线的形状，用户最多可自定义 18 个结点，要删除某个结点，只需拖动该结点到曲线设置区以外即可。
- 旋转扭曲：使用旋转扭曲滤镜可以旋转图像，中心的旋转程度要比边缘的旋转程度大。在"旋转扭曲"滤镜对话框中可设置旋转角度以控制扭曲变形，角度为正时，顺时针旋转，角度为负时，逆时针旋转。角度的绝对值越大，旋转扭曲得越厉害。

> 极坐标：可以将图像坐标从直角坐标系转换为极坐标系，或者反过来将极坐标系转换为直角坐标系。
> 水波：根据选区中像素的半径将选区径向扭曲。
> 波浪：可根据用户设定的不同波长产生不同的波动效果。
> 波纹：波纹滤镜是波浪滤镜的简化，如果只需要产生简单的水面波纹效果，不用设置波长、波幅等参数，即可使用此滤镜。
> 球面化：可以产生球面的 3D 效果。
> 置换：将根据置换图中像素的不同色调值来对图像进行变形，从而产生不定方向的位移效果。
> 挤压：滤镜能模拟膨胀或挤压的效果，能缩小或放大图像中的选择区域，使图像产生向内或向外挤压的效果。可将它用于照片图像的校正，来减小或增大人物中的某一部分（如鼻子或嘴唇等）。

（三）图像合成

这里主要介绍 Photoshop 提供的两个图像合成命令。

1. "应用图像"命令

执行"图像"|"应用图像"命令，系统将弹出如图 2-114 所示的"应用图像"对话框。对话框中各选项的意义如下。

> 源：在该下拉列表中可选择与当前图像合成的源图像文件（默认为当前文件），只有与当前图像文件具有相同尺寸和分辨率并且已经打开的图像文件才能出现在该下拉列表中。
> 图层：此下拉列表用于选择源图像文件中与当前图像文件进行合成的图层。如果源图像文件有多个图层，列表中会有

图 2-114 "应用图像"对话框

一个"合并图层"选项，选择该选项表示以源图像中所有图层的合并效果（以当前显示为准）与当前图像进行合成，源图像文件的图层并未真正合并。
> 通道：在此选择源图像中用于合成的通道。
> 目标：指明存放图像合成结果的目标文件，即当前文件，不可更改。
> 混合：指明图像合成的色彩混合模式，默认为正片叠底。
> 不透明度：设置不透明度。
> 保留透明区域：若选中该复选框，表示保护透明区域，即只对非透明区域进行合成。若当前层为背景层，则该复选框将不可用。
> 蒙版：选中该复选框，用户可从"图像"下拉列表中选择一幅图像作为合成图像时的蒙版。

2. "计算"命令

"计算"命令可以将同一幅图像，或具有相同尺寸和分辨率的两个图像中的两个通道进行合并，并将结果保存到一个新图像或当前图像的新通道中，还可直接将结果转换为选区。

执行"图像"|"计算"命令，将打开"计算"对话框，对话框中各选项的意义和"应

用图像"对话框基本相同,不再赘述。

(四)"杂色"滤镜组

"杂色"滤镜组中包含 4 种滤镜,其中"添加杂色"滤镜用于增加图像中的杂点,其他均用来去除图像中的杂点,如斑点与划痕等。

- ➢ 添加杂色:是在处理图像的过程中经常用到的一个滤镜,它将杂点随机地混合到图像当中,模拟在高速胶卷上拍照的效果。
- ➢ 减少杂色:有助于去除 JPEG 图像压缩时产生的噪点。
- ➢ 中间值:通过混合图像中像素的亮度来减少杂色,在消除或减少图像的动感效果时非常有用。
- ➢ 去斑和蒙尘与划痕:这两个滤镜可去除图像中的杂点和划痕,在对有缺陷的图像进行处理时非常有用。

案例——制作背景

(1)执行"文件"|"新建"命令,新建一幅 400×300 的 RGB 图像,将背景设置为黑色,如图 2-115 所示。

(2)执行"滤镜"|"杂色"|"添加杂色"命令,参数设置如图 2-116 所示,单击"确定"按钮,退出对话框,结果如图 2-117 所示。

图 2-115　新建图像　　　图 2-116　"添加杂色"对话框　　　图 2-117　添加杂色

(3)执行"滤镜"|"滤镜库"命令,打开"滤镜库"对话框,选择"纹理"中的"颗粒"命令,在"颗粒类型"下拉列表中选择"垂直",参数设置如图 2-118 所示,单击"确定"按钮,退出对话框,结果如图 2-119 所示。

图 2-118　设置参数　　　　　　　　图 2-119　颗粒纹理

(4)执行"滤镜"|"滤镜库"命令,打开"滤镜库"对话框,选择"素描"中的"水彩画纸"命令,参数设置和执行结果如图2-120所示。

图2-120 "水彩画纸"滤镜

(5)执行"图像"|"调整"|"色阶"命令,调整图像的色阶,"色阶"对话框和调整后的图像如图2-121所示。

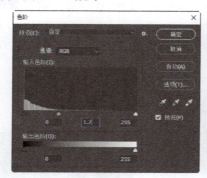

图2-121 "色阶"调整

(6)最后执行"图像"|"调整"|"色相/饱和度"命令,调整图像颜色,注意选中"着色"复选框,执行结果如图2-122所示。

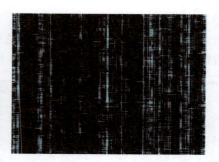

图2-122 给图像着色

(五)"模糊"滤镜组

"模糊"滤镜组中的模糊滤镜通过平衡图像中已定义的线条和遮蔽区域的清晰边缘旁边

的像素，使变化显得柔和，达到模糊的效果。
- ➢ 动感模糊：在某一方向上对像素进行线性位移，产生沿某一方向运动的模糊效果，就如同用有一定曝光时间的相机拍摄快速运动的物体一样。
- ➢ 形状模糊：用户可在对话框中选择应用于模糊的形状，并调整半径大小以制作特殊模糊效果。半径越大，模糊效果越好，但也更耗系统资源。
- ➢ 径向模糊：能够模拟前后移动或旋转的相机所拍摄的物体的模糊效果。该滤镜有两种模糊方式——"旋转"和"缩放"方式，其中，"旋转"方式产生旋转模糊的效果。
- ➢ 方框模糊：基于相邻像素的平均颜色来模糊图像，在对话框中可调整用于计算给定像素的平均值的半径大小，半径越大，产生的模糊效果越好。
- ➢ 特殊模糊：可较精确地模糊图像，产生清晰的边界。
- ➢ 表面模糊：用于创建特殊效果并消除杂色或粒度，在保留边缘的同时模糊图像。
- ➢ 镜头模糊：可以使图像产生更浅的景深效果（景深是摄影学术语，指被摄物体前后图像清晰范围的深度）。如果在拍摄时由于设置镜头光圈和焦距不当使得照出来的照片景深过深，可以使用"镜头模糊"滤镜对照片进行修饰，以达到预期的效果。
- ➢ 高斯模糊：利用钟形高斯曲线的分布模式，有选择地模糊图像。
- ➢ 模糊：该滤镜组中还有另外两个滤镜——"模糊"滤镜和"进一步模糊"滤镜。它们的作用和高斯模糊滤镜基本相同，区别在于，高斯模糊滤镜是根据高斯曲线的分布模式对图像中的像素有选择地进行模糊，而这两个滤镜则对所有的像素一视同仁地进行模糊处理。而且执行这两个滤镜命令时，没有可供用户设置的模糊参数，而高斯模糊滤镜则可调整模糊半径，因此在实际运用过程中，用户大多选择高斯模糊滤镜来制作模糊效果。在执行效果上，进一步模糊滤镜的强度是模糊滤镜强度的3～4倍。
- ➢ 进一步模糊：是对图像轻微模糊的滤镜，可以在图像中有显著颜色变化的地方消除杂色，进一步模糊滤镜产生的效果比模糊滤镜强3～4倍。
- ➢ 平均：相当于填充原图层，但"填充色"取决于该图颜色的平均色值。

（六）"渲染"滤镜组

利用"渲染"滤镜组中的滤镜可制作云彩和各种光照效果。
- ➢ 云彩和分层云彩：云彩滤镜和分层云彩滤镜都用来生成云彩，但两者产生云彩的方法不同。云彩滤镜直接利用前景色和背景色之间的随机像素的值将图像转换为柔和的云彩，而分层云彩滤镜则是将云彩滤镜得到的云彩和原图像以差值色彩混合模式进行混合。按住 Shift 键执行云彩滤镜和分层云彩滤镜可增强色彩效果。
- ➢ 光照效果：是一个功能极强的滤镜，它的主要作用是产生光照效果，并可通过使用灰度图像的纹理产生类似 3D 的效果。
- ➢ 镜头光晕：模拟亮光照射到相机镜头所产生的折射效果。

案例——绚丽多彩的背景

（1）新建一个文件，将背景设置为黑色，双击背景图层，转换为普通图层0，执行"滤镜"|"渲染"|"镜头光晕"命令，弹出"镜头光晕"对话框，设置参数如图 2-123 所示，图像效果如图 2-124 所示。

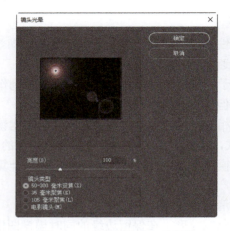 

图 2-123 "镜头光晕"对话框　　　　　图 2-124 图像效果

（2）再重复执行 7 次镜头光晕，图像效果如图 2-125 所示。选择图层 0，执行"图像"|"调整"|"色相/饱和度"命令，弹出"色相/饱和度"对话框，设置饱和度为-100，图像效果如图 2-126 所示。

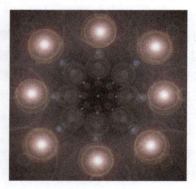 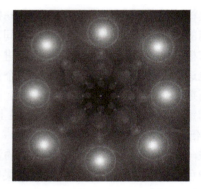

图 2-125 重复执行镜头光晕　　　　　图 2-126 调整图层饱和度

（3）执行"滤镜"|"像素化"|"铜版雕刻"命令，弹出"铜版雕刻"对话框，设置参数如图 2-127 所示，图像效果如图 2-128 所示。

（4）执行"滤镜"|"模糊"|"径向模糊"命令，弹出"径向模糊"对话框，设置参数如图 2-129 所示，图像效果如图 2-130 所示。

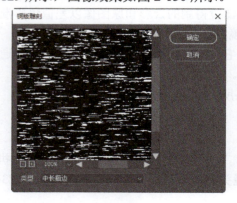 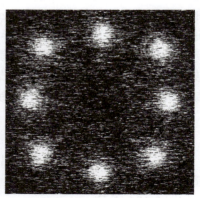

图 2-127 "铜版雕刻"对话框　　　　　图 2-128 图像效果

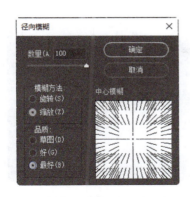

图 2-129 "径向模糊"对话框　　　　图 2-130 图像效果

（5）按下快捷键 Ctrl+Alt+F，重复执行径向模糊命令，图像效果如图 2-131 所示。

（6）按下快捷键 Ctrl+U，弹出"色相/饱和度"对话框，设置参数如图 2-132 所示，图像效果如图 2-133 所示。

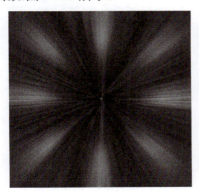
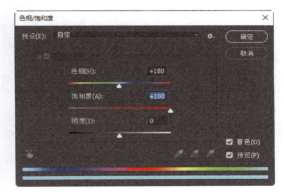

图 2-131 图像效果　　　　图 2-132 "色相/饱和度"对话框

（7）复制图层 0，并设置图层 0 拷贝的混合模式为"变亮"。选择图层 0 拷贝，执行"滤镜"|"扭曲"|"旋转扭曲"命令，弹出"旋转扭曲"对话框，设置参数如图 2-134 所示，图像效果如图 2-135 所示。复制图层 0 拷贝为图层 0 拷贝 2，重复执行旋转扭曲命令，并设置角度为-100，图像效果如图 2-136 所示。

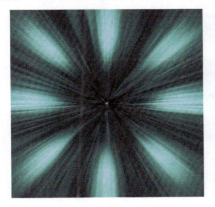
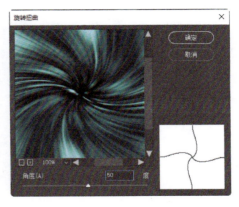

图 2-133 图像效果　　　　图 2-134 "旋转扭曲"对话框

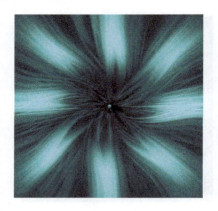

图 2-135　图像效果　　　　　　　图 2-136　重复旋转扭曲

（8）选择图层 0 拷贝 2，执行"滤镜"|"扭曲"|"波浪"命令，弹出"波浪"对话框，设置参数如图 2-137 所示，图像效果如图 2-138 所示。

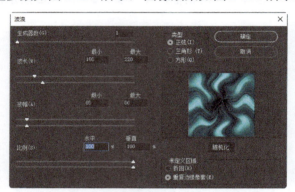

图 2-137　"波浪"对话框　　　　　　图 2-138　图像效果

（9）复制图层 0 拷贝 2 为图层 0 拷贝 3，执行快捷方式"Ctrl+T"逆时针旋转图像，效果如图 2-139 所示。对 4 个图层进行色相/饱和度的调整，并对每个图层加以不同颜色的着色，最终效果如图 2-140 所示。

图 2-139　效果图　　　　　　　图 2-140　最终效果

（七）"风格化"滤镜组

"风格化"滤镜组中的滤镜主要作用于图像的像素，可以强化图像的色彩边界，所以图像的对比度对此类滤镜的影响较大，风格化滤镜最终营造出的是一种印象派的图像效果。
- 查找边缘：主要用相对于白色背景的深色线条来勾画图像的边缘，得到图像的大致轮廓。如果先加大图像的对比度，再应用此滤镜，则可以得到更多更细致的边缘。
- 等高线：类似于查找边缘滤镜的效果，但允许指定过渡区域的色调水平，主要作用是勾画图像的色阶范围。
- 风：在图像中色彩相差较大的边界上增加细小的水平短线来模拟风的效果。
- 浮雕效果：可生成凸出和浮雕的效果，对比度越大的图像浮雕的效果越明显。
- 扩散：此滤镜搅动图像的像素，产生类似透过磨砂玻璃观看图像的效果。
- 拼贴：将图像按指定的值分裂为若干个正方形的拼贴图块，并按设置的位移百分比的值进行随机偏移。
- 曝光过度：使图像产生原图像与原图像的反相进行混合后的效果。（注：此滤镜不能应用在 Lab 模式下）
- 凸出：将图像分割为指定的三维立方块或棱锥体。（注：此滤镜不能应用在 Lab 模式下）

（八）"锐化"滤镜组

"锐化"滤镜组中的滤镜主要通过增强相邻像素间的对比度来聚焦模糊的图像，获得清晰的效果。
- USM 锐化：是在图像处理中用于锐化边缘的传统胶片复合技术。USM 锐化滤镜可校正摄影、扫描、重新取样或打印过程中图像产生的模糊，它对既用于打印又用于联机查看的图像很有用。USM 锐化滤镜按指定的阈值定位不同于周围像素的像素，并按指定的数量增加像素的对比度。此外，用户还可以指定与每个像素相比较的区域半径。
- 智能锐化：用户可以选择锐化算法，在高级模式下，用户还可以分别对阴影和高光区域的锐化参数进行设置以达到最佳的锐化效果。
- 锐化和进一步锐化：锐化滤镜和进一步锐化滤镜的主要功能都是提高相邻像素点之间的对比度，使图像清晰，其不同在于进一步锐化滤镜比锐化滤镜的效果更为强烈。
- 锐化边缘：会自动查找图像中颜色发生显著变化的区域，然后将其锐化，从而得到较清晰的效果。该滤镜只锐化图像的边缘，同时保留总体的平滑度，不会影响图像的细节。

（九）"视频"滤镜组

"视频"滤镜组中包含 NTSC 滤镜和逐行滤镜。
- NTSC：将色域限制在电视机重现可接受的范围内，以防止过饱和颜色渗到电视扫描行中。
- 逐行：通过移去视频图像中的奇数或偶数隔行线，使在视频上捕捉的运动图像变得平滑。用户可以选择通过复制或插值来替换扔掉的线条。

（十）"其他"滤镜组

"其他"滤镜组中的滤镜允许用户创建自己的滤镜、使用滤镜修改蒙版、在图像中使选区发生位移和快速调整颜色等。

- 高反差保留：按指定的半径保留图像边缘的细节。
- 位移：将选区内的图像按指定的水平量或垂直量进行移动，而选区的原位置变成空白区域。用户可以用当前背景色、图像的边缘像素填充这块区域，或者如果选区靠近图像边缘，也可以使用被移出图像的部分对其进行填充（折回）。
- 最大值和最小值：最大值滤镜用于加强图像的亮部色调，削弱暗部色调；最小值滤镜刚好相反，它加强图像的暗部色调，削弱亮部色调。
- 自定：用户可以设计自己的滤镜效果。使用自定滤镜，根据预定义的数学运算（称为卷积），可以更改图像中每个像素的亮度值，根据周围的像素值为每个像素重新指定一个值。此操作与通道的加、减计算类似。利用自定滤镜可以自己创建浮雕、锐化和模糊等效果，其功能非常强大，读者应该在实践中自己尝试，创建复合自己需要的滤镜效果。

项目总结

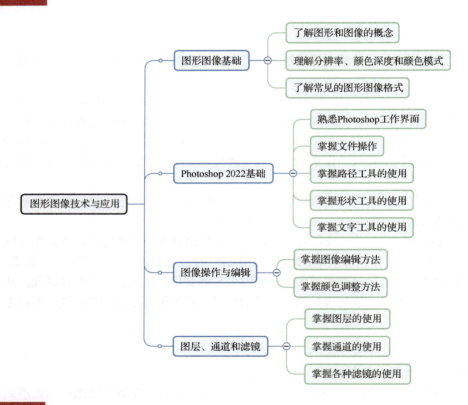

项目实战

实战一　制作黏液

（1）执行"文件"|"新建"命令，新建一幅 400×400 的 RGB 图像，将背景设置为透明。

（2）按 D 键设置前景色为黑色、背景色为白色，执行"滤镜"|"渲染"|"云彩"命令，结果如图 2-141 所示。

图 2-141 "云彩"滤镜

（3）执行"图像"|"调整"|"色阶"命令，调整色阶，"色阶"对话框和调整效果如图 2-142 所示。

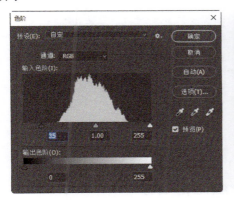

图 2-142 "色阶"调整

（4）执行"滤镜"|"模糊"|"高斯模糊"命令，对话框参数设置和执行结果如图 2-143 所示。

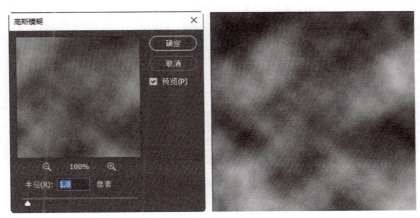

图 2-143 "高斯模糊"滤镜

（5）执行"滤镜"|"滤镜库"命令，打开"滤镜库"对话框，选择"素描"中的"铬黄渐变"命令，对话框参数设置和执行结果如图 2-144 所示。

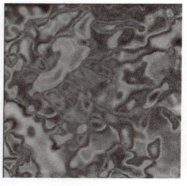

图 2-144 "铬黄渐变"滤镜

（6）执行"滤镜"|"滤镜库"命令，打开"滤镜库"对话框，选择"艺术效果"中的"塑料包装"命令，对话框参数设置和执行结果如图 2-145 所示。

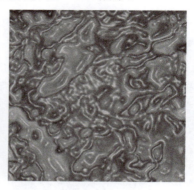

图 2-145 "塑料包装"滤镜

（7）执行"图像"|"调整"|"色相/饱和度"命令，给黏液着色，注意选中"着色"复选框，可以尝试多种不同的颜色，如图 2-146 所示。

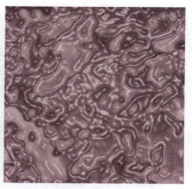

图 2-146 给图像着色

实战二　广告

（1）新建一个 500 像素×500 像素的 RGB 文档，将背景设置为透明，设置前景色为 R：117，G：76，B：36，并按下 Alt+Delete 键填充图像，如图 2-147 所示。

（2）选择文字工具，在工具属性栏上设置字体为黑色，字体大小为 24，逐行输入"WOX"字样，如图 2-148 所示。

（3）执行"编辑"|"自由变换"命令，将文字逆时针旋转一定的角度，并改变文字图层的不透明度为 15%，结果如图 2-149 所示。

图 2-147　填充图像　　　　图 2-148　逐行输入"WOX"　　　图 2-149　调整文字层的不透明度

（4）为把文字融入背景纹理当中，执行"图层"|"栅格化"|"图层"命令，将文字图层转换为普通图层，然后按下 Ctrl+E 键向下合并。

（5）切换到通道控制面板，新建 Alpha1 通道，按 D 键设置前景色为白色、背景色为黑色，然后执行"滤镜"|"渲染"|"云彩"命令，结果如图 2-150 所示。

（6）执行"滤镜"|"杂色"|"添加杂色"命令，为 Alpha1 通道添加杂色，在对话框中设置数量为 0.59%，选中"高斯分布"选项。

（7）回到图层控制面板，执行"滤镜"|"渲染"|"光照效果"命令，打开"光照效果"对话框，为"图层 1"添加光照效果，"光源类型"选择"点光"，"纹理"选择 Alpha1 通道，调整其他参数，结果如图 2-151 所示。

（8）复制"图层 1"为"背景"层，然后用文字蒙版工具制作如图 2-152 所示"1804"选区。

图 2-150　执行"云彩"命令　　图 2-151　为图层 1 添加光照效果　　图 2-152　制作选区

（9）执行"选择"|"存储选区"命令，将选区存储为 Alpha2 通道，并复制 Alpha2 通道得到 Alpha2 副本通道。

（10）对 Alpha2 副本通道进行操作，执行"滤镜"|"风格化"|"浮雕效果"命令，在打开的对话框中设置角度为 120°，高度为 2，数量为 45%，结果如图 2-153 所示。

（11）为制作亮部与暗部选区，复制 Alpha2 副本通道为 Alpha2 副本 2 通道，然后执行"图像"|"调整"|"色阶"命令，打开"色阶"对话框，选择黑色吸管在图中的灰色部分单击，制作出亮部选区，结果如图 2-154 所示。

（12）选中 Alpha2 副本通道，执行"图像"|"调整"|"色阶"命令，打开"色阶"对话框，选择白色吸管在图中的灰色部分单击，单击对话框中的"确定"按钮后按下 Ctrl+I

键反相图像,制作出暗部选区,结果如图 2-155 所示。

　　图 2-153　"浮雕效果"滤镜　　　图 2-154　制作亮部选区　　　图 2-155　制作暗部选区

（13）回到图层控制面板,设置"背景"层为当前图层,单击下面的  按钮,在打开的菜单中选择"亮度/对比度"命令,创建一个调整图层,适当增加背景层的亮度。

（14）设置"图层 1"为当前层,载入 Alpha2 通道选区,按下 Delete 键删除选区内容,结果如图 2-156 所示。

（15）载入暗部选区（Alpha2 副本通道）,执行"图像"|"调整"|"曲线"命令,调暗选区图像,结果如图 2-157 所示。

（16）载入亮部选区（Alpha2 副本 2 通道）,执行"图像"|"调整"|"曲线"命令,调亮选区图像,结果如图 2-158 所示。

　　图 2-156　删除选区内容　　　图 2-157　"曲线"调整暗部　　　图 2-158　"曲线"调整亮部

（17）双击"图层 1",打开"图层样式"对话框,为图层添加"投影"样式,并设置"投影"参数,不透明度为 5%,角度为 120°,距离为 5 像素,扩展为 0,大小为 5 像素,结果如图 2-159 所示。

（18）用文字蒙版工具制作如图 2-160 所示"WOX"字样选区,并存储为 Alpha3 通道。

（19）新建"图层 2",执行"编辑"|"描边"命令,在"描边"对话框中设置颜色为黑色,描边宽度为两个像素,不透明度为 60%,结果如图 2-161 所示。

（20）拖动"图层 2"置于"图层 1"之下,如图 2-162 所示。

　　图 2-159　添加"投影"图层样式　　　图 2-160　制作选区　　　图 2-161　填充选区

（21）载入 Alpha3 通道选区，设置"背景"层为当前图层，单击图层控制面板下方的 按钮，选择"色相/饱和度"命令，在打开的对话框中调整图像的色相及饱和度，单击"确定"按钮，创建一个调整图层。调整效果如图 2-163 所示。

（22）设置背景层为当前图层，选择移动工具将图像向左上方移动一定距离，最终效果如图 2-164 所示。

图 2-162　调整图层顺序　　图 2-163　调整"色相/饱和度"后的图像　　图 2-164　最终效果

项目三

音频技术与应用

思政目标

➢ 培养学生严谨求实、吃苦耐劳、追求卓越的优秀品质。
➢ 逐步帮助学生树立文化自觉和文化自信。

技能目标

➢ 熟悉 Audition 工作界面以及各种文件操作。
➢ 能够录制音频文件并对其进行编辑。
➢ 能够给音频文件添加各种效果。

项目导读

音频是多媒体中的一个重要元素，利用 Audition 可以录制、混合、编辑和控制数字音频文件，也可轻松创建音乐、制作广播短片、修复录制缺陷等。

任务 1　音频基础

任务引入

小李在课件中插入了许多的实验过程视频文件，需要在课件中添加旁白以及实验时发出的声音效果，为了更好地将声音和视频文件融合，必须对音频有所了解。那么，音频有哪些参数？常见的音频文件有哪些格式呢？

知识准备

音频指人耳可以听到的声音频率为 20Hz～20kHz 的声波。

一、音频参数

1. 比特率

比特率也叫码率，是指音乐每秒播放的数据量，单位用 bit 表示，也就是二进制位。比特率分为两种：恒定比特率和动态比特率。动态比特率相对恒定比特率的利用率会高些，文件体积小些，但部分低端播放机不支持动态比特率。

手机音频的比特率一般为 48kbps～64kbps，普通 mp3 格式的音乐比特率为 128kbps，CD/VCD 音质的比特率为 192kbps～320kbps，对比特率进行压缩或增强时，音域的增强和衰减要搭配适当的音频采样率才能达到合适的效果。

2. 采样频率

采样频率是指每秒取得声音样本的次数。采样的过程就是抽取某点的频率值，显然，在 1 秒中内抽取的点越多，获取的频率信息越丰富。为了复原波形，采样频率越高，声音的质量就越好，还原的声音也就越真实，但同时它占用的资源也更多。

3. 采样位数

采样位数也叫采样大小或量化位数。它是一个用来衡量声音波动变化的参数，也就是声卡的分辨率或声卡处理声音的解析度。它的数值越大，分辨率就越高，录制和回放的声音也就越真实。

采样位数和采样频率对于音频接口来说是最为重要的两个指标，也是选择音频接口的两个重要标准。无论采样频率多少，理论上说采样位数决定了音频数据最大的动态范围。

4. 通道数

通道数即声音通道的数目。常见的有单声道和立体声（双声道），现在发展到了四声道环绕和 5.1 声道。

（1）单声道。指把来自不同方位的音频信号混合后统一由录音器材把它记录下来，再由一只音箱进行重放。单声道是比较原始的声音复制形式，早期的声卡普遍采用单声道。

（2）立体声。指利用 2 个或 2 个以上的麦克风分别录制 2 个声道的声音信号，再经 2 个独立的扬声器重播。由于利用 2 个独立的声道录制与重现原音，因此称为双声道；而这种方式能产生具有深度距离感与方向感的立体声音，故又称为立体声。双声道目前常见用途有两个：在卡拉 OK 中，一个声道是奏乐，另一个声道是歌手的声音；在 VCD 中，一个声道是普通话配音，另一个声道是粤语配音。

（3）四声道环绕。四声道环绕规定了前左、前右、后左、后右 4 个发声点，听众则被包围在这中间。同时还建议增加一个低音音箱，以加强对低频信号的回放处理。就整体效果而言，四声道系统可以为听众带来来自多个不同方向的声音环绕，可以获得身处不同环境的听觉感受，给用户以全新的体验。

（4）5.1 声道。5.1 声道已广泛应用于各类传统影院和家庭影院中，一些比较知名的声音录制压缩格式，如杜比 AC-3、DTS 等都是以 5.1 声音系统为技术蓝本的，其中".1"声道是一个专门设计的超低音声道，这一声道可以产生频响范围为 20Hz～120Hz 的超低音。5.1 声音系统来源于 4.1 环绕，不同之处在于它增加了一个中置单元。这个中置单元负责传送低于 80Hz 的声音信号，在欣赏影片时有利于加强人声，把对话集中在整个声场的中部，以增强整体效果。

二、常见的音频文件格式

1. CD 格式

标准 CD 格式的采样频率为 44.1kHz，量化位数为 16 位，其声音基本上是忠于原声的。一个 CD 音频文件是一个*.cda 文件，这只是一个索引信息，并不真正包含声音信息，所以不论 CD 音乐长短，在电脑上看到的"*.cda 文件"都是 44 字节长。

2. WAV

WAV 是微软公司开发的一种声音文件格式，它符合 RIFF（Resource Interchange File Format）文件规范，用于保存 WINDOWS 平台的音频信息资源，被 WINDOWS 平台及其应用程序所支持。"*.WAV"格式支持 MSADPCM、CCITT A LAW 等多种压缩算法，支持多种音频位数、采样频率和声道。标准格式的 WAV 文件和 CD 格式一样，也采用 44.1kHz 的采样频率和 16 位的量化位数。

3. AIFF

AIFF（Audio Interchange File Format）是音频交换文件格式的英文缩写，是苹果公司开发的一种音频文件格式，被MACINTOSH平台及其应用程序所支持，NETSCAPE浏览器中LIVEAUDIO 也支持 AIFF 格式。AIFF 是苹果电脑上的标准音频格式，属于 QuickTime 技术的一部分。AIFF 格式和 WAV 格式非常相似，目前大多数的音频编辑软件都支持这种常见的音频格式。

4. MP3

MP3 指的是MPEG 标准中的音频部分，也就是 MPEG 音频层。根据压缩质量和编码处理的不同分为 3 层，分别对应"*.mp1""*.mp2""*.mp3"这 3 种音频文件。注意，MPEG 音频文件的压缩是一种有损压缩，MPEG音频编码具有 10：1～12：1 的高压缩率，同时基本保持低音频部分不失真，但是牺牲了 12kHz～16kHz 高音频部分的质量来换取文件的尺寸，相同时间长度的音乐文件用"*.mp3"格式来储存，一般只有"*.wav"文件大小的 1/10，而音质要次于 CD 格式或WAV 格式，总的来说，MP3 格式具有文件小、音质好的特点。

MP3格式压缩音乐的采样频率有很多种，可以用 64kbps 或更低的采样频率节省空间，也可以用 320kbps 的标准达到极高的音质。

5. WMA

WMA（Windows Media Audio）格式具有高保真、声音通频带宽、音质好、后台强硬等特点，其音质强于 MP3 格式。它通过减少数据流量但保持音质的方法来达到比 MP3 压缩率更高的目的，WMA 的压缩率一般可以达到 1：18 左右。WMA 的另一个优点是内容提供商可以通过 DRM（Digital Rights Management）方案加入防拷贝保护。

6. VQF

VQF 格式也是以减少数据流量但保持音质的方法来达到更高的压缩比。VQF 的音频压缩率比标准的 MPEG 音频压缩率高出近一倍，可以达到 1：18 左右甚至更高。在相同情况下，压缩后的 VQF 文件大小比 MP3 小 30%～50%，更利于网上传播，同时音质极佳，接近 CD 音质。

任务 2　Audition 2022 基础

任务引入

小李选择 Audition 软件对音频进行处理，想要熟练使用 Audition 软件，必须先了解该软件的操作界面，只有对界面有了宏观的认识，才能更好更快地做出效果。Audition 的工作界面包含哪些组成部分？怎么导入音频文件，又如何将做好的音频文件导出为所需的格式呢？

知识准备

一、Audition 2022 工作界面

在桌面上双击 Adobe Audition 2022 的图标 Au，或者在"开始"菜单中单击 Adobe Audition 2022，即可启动 Adobe Audition 2022（以下简称 Audition），进入如图 3-1 所示的工作界面。

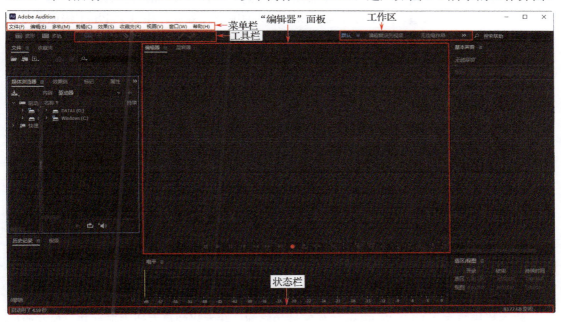

图 3-1　Adobe Audition 2022 工作界面

（一）菜单栏

菜单栏包含软件全部功能的命令操作。Audition 的菜单命令共分 9 种，分别是文件、编辑、多轨、剪辑、效果、收藏夹、视图、窗口和帮助，如图 3-2 所示。

文件(F)　编辑(E)　多轨(M)　剪辑(C)　效果(S)　收藏夹(R)　视图(V)　窗口(W)　帮助(H)

图 3-2　菜单栏

（二）工具栏

工具栏默认位于界面的左上方和菜单栏下方，如图 3-3 所示，它包括波形视图下的工具栏和多轨视图下的工具栏。直接单击工具栏中的按钮，即可选择相应的操作。

图 3-3　工具栏

- 时间选择工具：此工具可在波形编辑器和轨道编辑器上使用。用于选择某段时间内的音频，从而可对这段选区进行复制、粘贴、删除与裁剪等操作。
- 移动工具：是轨道编辑器上常用的工具。可以选择或移动音频块、复制音频块（加按 Alt 键）、改变入点或出点、实时伸缩、添加或删除关键帧、调整包络线等，右击时会有更多操作。
- 剃刀工具：用于剪开音频。包括切断所选剪辑工具和切断所有剪辑工具。切断所有剪辑工具可以通过切断所选剪辑工具+ Shift 键来实现。
- 滑动工具：用于在保持音频持续时间不变的情况下改变音频块的入点和出点。
- 框选工具：用于选择局部频谱，从而能进行处理。相当于 PS 中的矩形选框工具。
- 套索选择工具：用于选择局部频谱，从而能进行处理。相当于 PS 中的套索工具。
- 画笔选择工具：用于选择局部频谱，从而能进行处理。相当于 PS 中快速蒙版状态时的画笔工具，可设置大小和透明度。
- 污点修复画笔工具：用于选择局部频谱并参考周边音频自动修复。相当于 PS 中的污点修复画笔工具。

（三）工作区

图 3-1 所示的界面采用系统默认工作区。可以通过选择"窗口"|"工作区"下拉菜单中的选项或单击"工作区"中的，在打开的下拉菜单（如图 3-4 所示）中选择所需的工作区，Adobe Audition 2022 界面上的面板会根据所选工作区进行调整。例如，选择"母带处理与分析"工作区，则会打开"频率分析""振幅统计""文件""编辑器"等面板。

图 3-4　"工作区"下拉菜单

用户可以通过以最适合特定任务的工作样式的布局排列面板来创建和自定义自己的工作区。

（四）状态栏

状态栏横跨在 Adobe Audition 工作区域的底部。状态栏的最左边表示打开、保存或处理文件所需的时间，以及当前的传输状态（播放、录音或已停止）。状态栏的最右边显示可自定义的各种各样的信息，如图 3-5 所示。

选择"视图"|"状态栏"|"显示"命令，可以显示或隐藏状态栏。

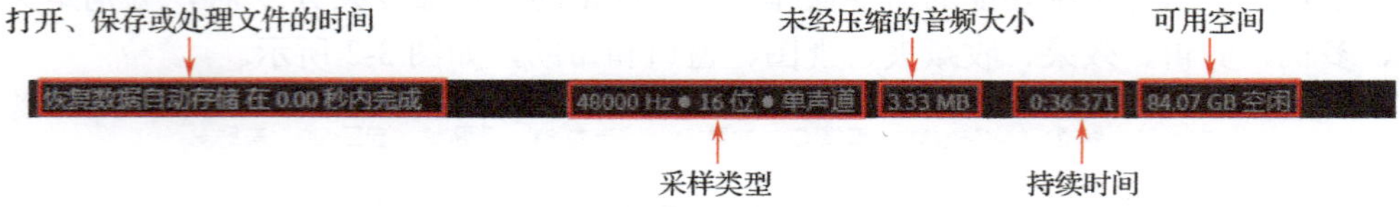

图 3-5　状态栏

> 采样类型：显示目前打开的波形（波形编辑器）或会话文件（多轨编辑器）的样本信息。例如，44100Hz、16 位的立体声文件会按 44100Hz·16 位·立体声显示。
> 未经压缩的音频大小：指示活动音频文件的大小（如果保存为未经压缩的格式，如 WAV 和 AIFF），或多轨会话的总大小。
> 持续时间：显示当前波形或会话的长度。例如，0:01:247 表示波形或会话的长度是 1.247 秒。
> 可用空间：显示在硬盘驱动器上有多少可用空间。

（五）文件面板

文件面板主要显示打开音频和视频文件的列表，以便于访问，如图 3-6 所示。编辑音频文件所用的全部素材应事先存放于文件面板内，再进行编辑使用。

图 3-6　文件面板

> 打开文件：单击此按钮，打开音频或视频文件。
> 导入文件：单击此按钮，导入音频或视频文件。如果要在"编辑器"面板中保留当前打开的文件，则将文件导入到"文件"面板。为多轨会话组合文件时，这种方法特别有用。
> 新建文件：单击此按钮，在打开的下拉菜单中选择对应的选项，创建多轨会话、音频文件以及 CD 布局。
> 插入到多轨混音中：将在各条音轨的当前时间位置插入文件。
> 关闭所选文件：关闭该面板中选中的文件。

（六）编辑器面板

编辑器面板是 Adobe Audition 处理音频时最主要的工作空间。在 Audition 中，编辑器面板有两种视图形式：波形编辑器和多轨编辑器。可以通过左上角的"波形"按钮和"多轨"按钮进行切换。这两种视图虽然可用的选项有差别，但还是有许多共享的组件的，如工具栏、导航器、播放录制按钮组、视图缩放按钮组等。

如果要编辑单个文件，则使用波形编辑器；如果要混音多个文件，或将它们与视频集成，则使用多轨编辑器。在多轨编辑器中双击某个音频剪辑，将在波形编辑器中将其打开。

波形编辑器使用破坏性方法，这种方法会更改音频数据，同时永久性地更改保存的文件，常用于转换采样率或位深度、母带处理或批处理等工作，如图 3-7 所示。

多轨编辑器使用非破坏性方法，内置更加强大的处理功能且非常灵活，适用于构建多轨道混音的音频创作等工作，如图 3-8 所示。

（1）输入/输出控件，如图 3-9 所示。
> 输入：默认为"默认立体声输入"，也可选择"音频硬件"输入。
> 极性反转：常在多话筒进行多声道录音时启用，以解决相位抵消等问题。
> 输出：默认为"混合"，也可选择"总音轨"或"音频硬件"输出。

（2）效果控件，如图 3-10 所示。每个音轨都可以有自己的效果组，可添加多达 16 个效果器，包括 VST 插件或 AU 插件（仅限 MacOS），并可任意拖动改变其位置。

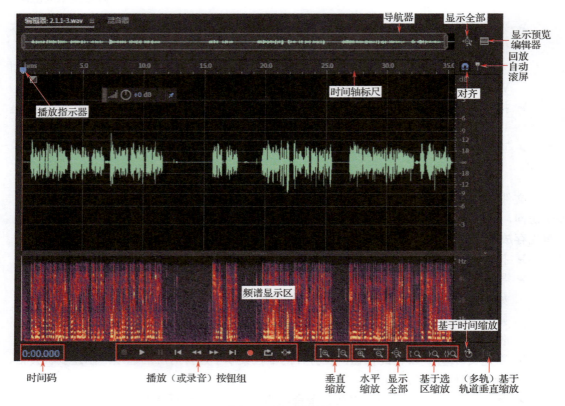

图 3-7 波形编辑器

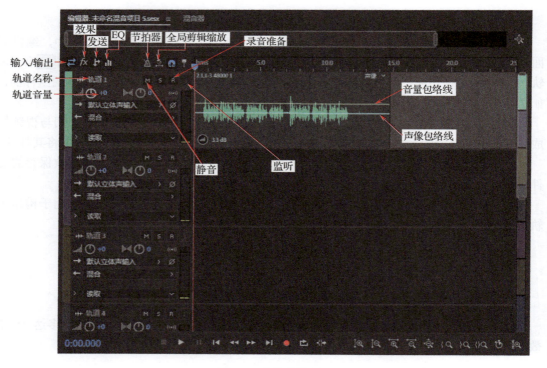

图 3-8 多轨编辑器

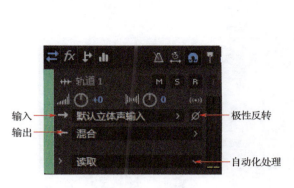
图 3-9　输入/输出控件

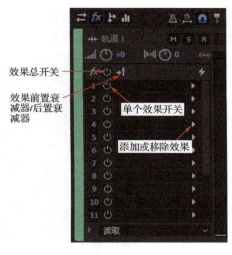
图 3-10　效果控件

效果前置衰减器/后置衰减器俗称"推子前/推子后"，它决定效果组是在音量衰减器之前（推子前，白色）进行处理还是在之后进行处理（推子后，红色）。默认为"推子前"，这样可以保证干声、湿声的音量同步增减。

（3）发送控件。可在发送区域创建总线，控制发送电平，选择要发送到的其他总线，可设置多达 16 个发送，如图 3-11 所示。

（4）EQ 控件。即音轨均衡器，它允许每个音轨在音频频谱中划分出自己的声音空间，如图 3-12 所示。

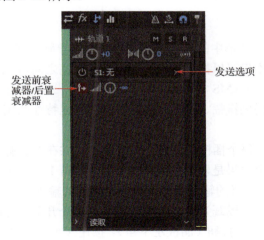
图 3-11　发送控件

图 3-12　EQ 控件

当音轨均衡器频率响应曲线为蓝色时，表示 EQ 处于活动状态，开关按钮变为绿色。

（七）混音器面板

混音器面板与多轨编辑器面板是多轨混音的两种视图，可随时进行切换。在混音器面板中，除了不能编辑和剪辑，其他的功能和控件与多轨编辑器几乎完全一致，同样包含输入/输出、效果、发送及 EQ 等四大区域控制，如图 3-13 所示。不同的是，它们在混音器面板中是以"行"的方式同时呈现的，并可通过倒三角形按钮折叠或展开。

混音器面板中的每一列被称为"通道"而非"音轨",当鼠标变成手形时,可拖动并改变通道的位置,对应多轨编辑器的轨道也会同步发生变化。

图 3-13　混音器面板

(八) 其他面板

- 标记面板:可以让播放指示器直接跳到波形中的某个位置,从而加快导航速度。
- 匹配响度面板:使用匹配响度面板,不仅可以拖入多个文件,并在它们之间自动匹配音量(响度),还可以对一个文件应用 RMS 标准化。
- 振幅统计面板:分析文件或选区,并提供振幅、削波、直流偏移和其他特性的统计信息。
- 效果组面板:提供了 16 个效果插槽,每个插槽可包含一个效果器,并在左侧有一个对应的开关按钮。效果组面板的各个效果是以串联方式排列的。即第 1 个效果的输出将作为第 2 个效果的输入,第 2 个效果的输出将作为第 3 个效果的输入,……,直到最终输出到音频接口为止。效果组面板既为每个效果器提供了一个开关(左侧的旁通按钮),也为所有效果提供了主开关按钮(面板左下角)。按住 Ctrl 键可选择多个效果。可直接拖动效果器,从而改变其先后顺序。
- 收藏夹面板:收藏夹面板内置一些效果和效果组合,如自动修复 Auto Heal、消除齿音 De-Esser、升/降调 Rasie/Lower Pitch、标准化为-3dB Normalize to -3dB、移除人声 Remove Vocals 等。收藏夹的功能与预设或宏类似,通过录制的方式来制作。但它仅适用于波形编辑器。
- 历史记录面板:可快速地将已处理的音频与原始音频进行比较,或丢弃产生了不希望出现的效果的一系列更改。

二、文件管理

（一）新建文件

1. 新建音频文件

（1）执行"文件"|"新建"|"音频文件"命令，或单击文件面板中的"新建文件" 下拉列表中的"新建音频文件"命令，弹出如图 3-14 所示的"新建音频文件"对话框。

图 3-14 "新建音频文件"对话框

（2）在"文件名"文本框中输入文件名称。

（3）设置文件常规选项。

> 采样率：确定文件的频率范围。为了重现给定频率，采样率必须至少是该频率的两倍。

> 声道：确定波形是单声道、立体声还是 5.1 声道。

> 位深度：确定文件的振幅范围。32 位色阶可在 Adobe Audition 中提供最大的处理灵活性。然而，为了与常见的应用程序兼容，应在编辑完成后转换为较低的位深度。

（4）设置完成以后，单击"确定"按钮，新建的文件将显示在文件面板中。

2. 新建多轨会话

会话（*.sesx）文件本身不包含任何音频数据。相反，它们是基于 XML 的小文件，指向硬盘中的其他音频和视频文件。

（1）执行"文件"|"新建"|"多轨会话"命令，或单击文件面板中的"新建文件" 下拉列表中的"新建多轨会话"命令，弹出如图 3-15 所示的"新建多轨会话"对话框。

（2）在"会话名称"文本框中输入项目名称。

（3）单击"浏览"按钮，选择文件在磁盘中的存储位置。

（4）在"模板"下拉列表中选择所需的模板，如图 3-16 所示，单击"删除选中模板"按钮，删除所选模板。

图 3-15 "新建多轨会话"对话框

图 3-16 "模板"下拉列表

（5）设置采样率、位深度和混合选项。

（6）设置完成以后，单击"确定"按钮，新建的会话将显示在文件面板中。

3. 新建 CD 布局

（1）执行"文件"|"新建"|"CD 布局"命令，或单击文件面板中的"新建文件"

下拉列表中的"CD 布局"命令。

（2）新建 CD 布局文件，新建的 CD 布局将显示在文件面板中。

（二）打开文件

（1）执行"文件"|"打开"命令，或单击文件面板中的"打开文件"按钮，弹出"打开文件"对话框。

（2）选择音频或视频文件。

（3）设置完成以后，单击"确定"按钮，打开的文件将显示在文件面板和编辑器面板中。

（三）保存文件

（1）执行"文件"|"保存"命令，弹出如图 3-17 所示的"另存为"对话框。

（2）在对话框中设置文件名、位置和格式，也可以单击"浏览"按钮，弹出如图 3-18 所示的"另存为"对话框，选择文件在磁盘中的存储位置、文件名和格式。

图 3-17 "另存为"对话框

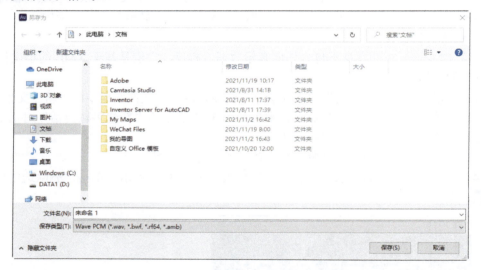

图 3-18 "另存为"对话框

（3）单击采样类型对应的"更改"按钮，打开如图 3-19 所示的"变换采样类型"对话框，在对话框中设置采样率、声道以及位深度，单击"确定"按钮，返回到"另存为"对话框。

（4）单击格式设置对应的"更改"按钮，打开如图 3-20 所示的"WAV 设置"对话框，在对话框中设置采样类型和 4GB 增强支持，单击"确定"按钮，返回到"另存为"对话框。

（5）设置完参数后，单击"确定"按钮，保存文件。

（四）关闭文件

（1）执行"文件"|"关闭"命令，或按 Ctrl+W 键，关闭选中的文件。

（2）执行"文件"|"全部关闭"命令，关闭所有文件。

（3）执行"文件"|"关闭未使用媒体"命令，关闭没有使用的文件。
（4）执行"文件"|"关闭会话及其媒体"命令，关闭没有使用的会话文件。

图 3-19 "变换采样类型"对话框

图 3-20 "WAV 设置"对话框

（五）导入文件

1. 导入文件

（1）执行"文件"|"导入"|"文件"命令，或单击文件面板中的"导入文件"按钮，弹出"导入文件"对话框。

（2）选择需要的文件，然后单击"打开"按钮，导入的文件将显示在文件面板中。

2. 导入原始数据

（1）执行"文件"|"导入"|"原始数据"命令，弹出"导入原始数据"对话框。

（2）选择需要的文件，然后单击"打开"按钮，弹出如图 3-21 所示的"打开作为"对话框。

（3）设置常规选项。

- 采样率：Adobe Audition 可以导入原始数据，其频率范围为 1～10000000Hz。但仅 6000～192000Hz 的采样率支持回放和录制。

图 3-21 "打开作为"对话框

- 声道：输入一个 1～32 之间的数字。
- 编码：指定文件的数据存储方案。
- 字节顺序：指定数据字节的数字顺序。WAV 文件通常使用 Little-Endian 方法，而 AIFF 文件通常使用 Big-Endian 方法。默认字节顺序会针对系统处理器自动应用默认值，并且通常是最佳选项。
- 开始字节偏移：在导入过程开始的文件中指定数据点。

（4）设置完成后，单击"确定"按钮，导入的数据文件将显示在文件面板中。

（六）导出文件

执行"文件"|"导出"命令，"导出"菜单如图 3-22 所示。

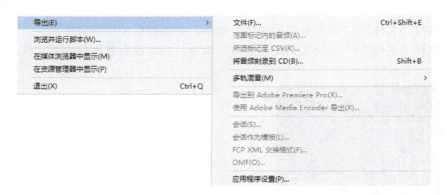

图 3-22 "导出"菜单

1. 导出文件

（1）执行"文件"|"导出"|"文件"命令，弹出如图 3-23 所示的"导出文件"对话框。

（2）在对话框中设置文件名、位置和格式，也可以单击"浏览"按钮，弹出"另存为"对话框，选择文件在磁盘中的存储位置、文件名和格式。

（3）单击"更改"按钮，更改采样类型和格式设置，单击"确定"按钮，导出文件。

2. 导出多轨混音

（1）执行"文件"|"导出"|"多轨混音"|"整个会话"命令，弹出如图 3-24 所示的"导出多轨混音"对话框。

图 3-23 "导出文件"对话框

图 3-24 "导出多轨混音"对话框

（2）在对话框中设置文件名、位置和格式，也可以单击"浏览"按钮，弹出"另存为"对话框，选择文件在磁盘中的存储位置、文件名和格式。

（3）单击对应的"更改"按钮，更改采样类型和格式设置。

（4）单击混音选项的"更改"按钮，打开如图 3-25 所示的"混音选项"对话框，选择源，并设置导出的范围，包括整个会话、时间选区和所选剪辑，单击"确定"按钮，返回到"导出多轨混音"对话框。

（5）设置完成后，单击"确定"按钮，导出多轨混音。

3. 导出到 Adobe Premiere Pro

（1）执行"文件"|"导出"|"导出到 Adobe Premiere Pro"命令，弹出如图 3-26 所示的"导出到 Adobe Premiere Pro"对话框。

图 3-25 "混音选项"对话框　　　图 3-26 "导出到 Adobe Premiere Pro"对话框

（2）在对话框中设置文件名、位置和格式，也可以单击"浏览"按钮，弹出如图 3-27 所示"导出为"对话框，选择文件在磁盘中的存储位置、文件名和格式。

图 3-27 "导出为"对话框

（3）在采样率下拉列表中选择采样率。

（4）在选项栏中设置混音会话格式，勾选"在 Adobe Premiere Pro 中打开"复选框。

（5）设置完成后，单击"导出"按钮，打开 Adobe Premiere Pro 文件，并将音频文件导入到 Premiere Pro 项目中。

4. 导出会话

（1）执行"文件"|"导出"|"会话"命令，弹出如图 3-28 所示的"导出混音项目"对话框。

（2）在对话框中设置文件名、位置和格式，也可以单击"浏览"按钮，弹出"另存为"

对话框，选择文件在磁盘中的存储位置、文件名和格式。

（3）在采样类型下拉列表中选择采样率。

（4）如果勾选"保存关联文件的副本"复选框，则单击"选项"按钮，打开如图 3-29 所示的"保存副本选项"对话框，设置格式、采样类型以及媒体选项，单击"确定"按钮，返回到"导出混音项目"对话框。

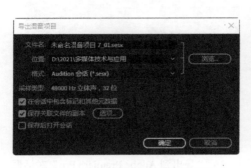

图 3-28 "导出混音项目"对话框

图 3-29 "保存副本选项"对话框

（5）设置完成后，单击"确定"按钮，导出混音项目到指定文件。

5. 导出会话模板

会话模板包括所有多轨属性和剪辑，从而帮助用户快速地开始需要类似设置的项目。

（1）执行"文件"|"导出"|"会话作为模板"命令，弹出如图 3-30 所示的"将会话导出为模板"对话框。

（2）在对话框中设置模板名称和位置，也可以单击"更改"按钮，弹出如图 3-31 所示的"首选项"对话框，更改 Audition 会话模板位置。单击"确定"按钮，返回"将会话导出为模板"对话框。

图 3-30 "将会话导出为模板"对话框

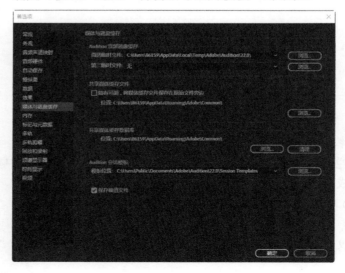

图 3-31 "首选项"对话框

(3)设置完成后,单击"确定"按钮,将会话作为模板导出到指定位置。

6. 导出为 OMF

(1)执行"文件"|"导出"|"OMF"命令,弹出如图 3-32 所示的"OMF 导出"对话框。

(2)在对话框中设置文件名和位置,也可以单击"浏览"按钮,弹出"导出到"对话框,选择文件在磁盘中的存储位置和文件名。

(3)单击 OMF 设置栏右侧的"更改"按钮,打开如图 3-33 所示的"OMF 设置"对话框,设置媒体名称、格式以及选项,单击"OK"按钮,返回"OMF 导出"对话框。

图 3-32 "OMF 导出"对话框

图 3-33 "OMF 设置"对话框

> Media(媒体):封装的媒体会将音频剪辑存储在 OMF 文件内,以便进行组织。参考的媒体会将音频剪辑存储在与 OMF 文件相同的文件夹中,以便在必要时可脱机编辑。
> Media Options(媒体选项):确定是将剪辑源文件修剪为编辑器面板中的剪辑长度,还是反映整个原始文件的长度。
> Handle Duration(处理持续时间):对于修剪的剪辑,指定持续时间以包括超出的剪辑边缘。

(4)设置完成后,单击"确定"按钮,将项目文件导出为.omf 文件。

任务 3　音频的录制与编辑

任务引入

小李利用 Audition 录制实验的讲解音频,可是在录制过程中有时会出错,有时声音大,有时声音小。怎么将录制错误的音频删除,怎么调整音频的声音大小呢?怎么将录制的多条音频文件剪辑成一条呢?

知识准备

一、录制音频

（一）利用波形编辑器录制

录制来自插入到声卡"线路输入"端口的麦克风或其他设备的音频。

新建音频文件，在编辑器面板中单击"录制"按钮或按 Shift+空格键，自动开始音频录制，声音会反映到波形上，再次单击"录制"按钮，完成音频录制，如图 3-34 所示。

（二）利用多轨编辑器录制

在多轨编辑器中，Adobe Audition 自动将每个录制的剪辑直接保存为 WAV 文件。

多轨编辑器内置强大的处理功能且非常灵活，适用于构建多轨道混音的音频创作等工作。多轨编辑器使用非破坏性方法，工作时所做的更改不会修改原始音频文件，更改的是链接到媒体的剪辑，而不是原始素材。

（1）新建多轨会话文件，输入名称为"录音"，打开多轨编辑器。

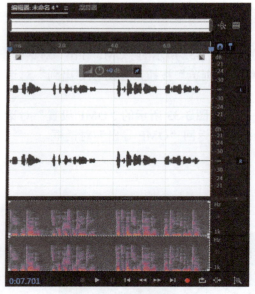

图 3-34　录制的音频

（2）在"输入/输出"控件的轨道 1 中，从音轨的输入菜单中选择源，也可以单击"音频硬件"选项，打开"首选项"对话框，对音频硬件进行设置。

（3）单击"录制准备"按钮，音轨电平表显示输入。

（4）单击"监听"按钮，接收通过任何音轨效果和发送所传送的硬件输入。

（5）将时间指示器放置在所需的起始点，单击"录制"按钮或按 Shift+空格键，自动开始音频录制，声音会反映到轨道上，再次单击"录制"按钮，完成音频录制，如图 3-35 所示。

（6）重复上述步骤，在其他轨道上录制音频。

提示：如果无法手动开始或结束录制流程，则可以使用"定时录制"模式安排在以后进行录制。

（7）在"录制"按钮上单击鼠标右键，弹出如图 3-36 所示的快捷菜单，选择"定时录制模式"选项，此时"录制"按钮显示为。

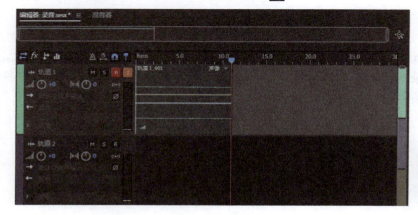

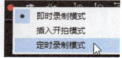

图 3-35　录制音频　　　　　　　　　　　　　图 3-36　快捷菜单

（8）将播放指示器放置在要开始录制的位置，然后单击"录制"按钮，开始录制。

二、编辑音频

（一）利用波形编辑器编辑

1. 设置音频出入点

（1）将鼠标放置在时间轴的开始位置，当鼠标显示为 时，拖动鼠标指定音频的入点，如图 3-37 所示，单击"播放"按钮 ，从入点开始播放音频，到音频出点处停止播放。

（2）将鼠标放置在时间轴的开始位置，当鼠标显示为 时，拖动鼠标指定音频的出点，如图 3-38 所示，单击"播放"按钮 ，从入点开始播放音频，到音频出点处停止播放。

图 3-37　指定入点

图 3-38　指定出点

（3）也可以在波形区适当位置按住鼠标，将其拖动到适当位置，设置音频的出入点。

（4）在选区/视图面板中的选区开始或结束时间上滑动鼠标，调整音频的出入点。

2. 调整音频振幅

将鼠标放在 HUD 上，当鼠标变为 时，按住鼠标左键，向右移动鼠标，可以调高振幅，数值上显示+号；向左移动鼠标，可以降低振幅，数值上显示-号，如图 3-39 所示。

图 3-39　调整振幅

单击编辑器右下角的"放大（振幅）"按钮 ，调高振幅；单击编辑器右下角的"缩小（振幅）"按钮 ，降低振幅。

3. 删除音频

选择一段语音区域，单击鼠标右键，在弹出的快捷菜单中选择"删除"选项，删除选中区域，如图 3-40 所示。

4. 淡入淡出音量

将鼠标放在编辑器面板左上角的方块 上，当鼠标呈四向箭头形状 时，按住鼠标向右拖动，将显示一条线性包络线，如图 3-41 所示，调整淡入的时间。该线的下面是小音量，上面是大音量。

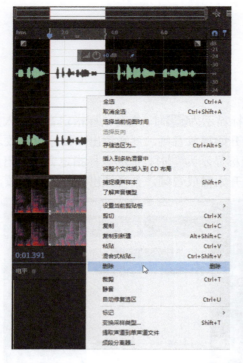
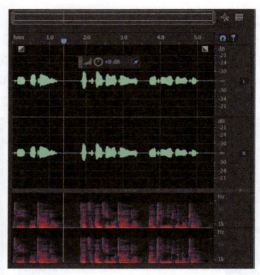

图 3-40 删除音频

如果按住鼠标垂直向下拖动,这时将显示一条包络曲线,如图 3-42 所示;如果按下 **Ctrl** 键,再按住鼠标垂直向下拖动,这时将显示一条 S 形包络曲线。

图 3-41 淡入的线性包络线　　　　　　　图 3-42 淡入的包络曲线

采用相同的方法,对编辑器面板右上角的方块进行相同的操作,设置淡出效果。

注意:波形编辑器中的淡入淡出效果是具有破坏性的,松开鼠标,音量渐变会直接体现在波形中。如果对淡入淡出的操作不满意,则可以按下 **Ctrl+Z** 组合键取消操作,之后再进行调整。

5. 选择频谱范围

在工具栏中选择"框选工具"、"套索选择工具"或"画笔工具",在特定的频谱范围内选择音频数据。

"框选工具"　选择矩形区域，而"套索选择工具"　和"画笔工具"　能够自由地选择区域。

选择"框选工具"　、"套索选择工具"　或"画笔工具"　，在编辑器面板的频谱中进行拖动，以选择所需的音频数据，如图3-43所示。

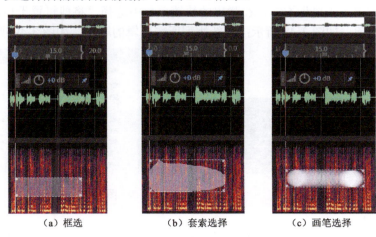

（a）框选　　　　　　　（b）套索选择　　　　　　（c）画笔选择

图 3-43　选取频谱范围

（二）利用多轨编辑器编辑

在多轨编辑器中插入音频文件时，该文件将成为所选轨道上的音频剪辑。可以轻松地将剪辑移动到不同的轨道或时间轴位置，也可以非破坏性地编辑剪辑、修剪其开始点和结束点、与其他剪辑交叉淡化等。

1. 调整音频振幅

将鼠标放在音轨的　上，当鼠标变为　时，按住鼠标左键，向右移动鼠标，可以调高振幅；向左移动鼠标，可以降低振幅，如图3-44所示。

图 3-44　调整振幅

2. 拆分剪辑

（1）在工具栏中单击"剃刀工具"按钮　，将鼠标指针移到音频素材上要修剪的时间点处，此时指针显示为　，如图3-45所示。

（2）单击鼠标，即可在指定位置将音频素材分割为两段，如图3-46所示。

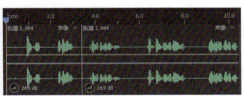

图 3-45　选择修剪位置　　　　　　　　　图 3-46　分割音频

3. 重叠剪辑

当剪辑相互重叠而不交叉淡化时，只有最顶层的剪辑会播放。

（1）在工具栏中单击"移动工具"按钮 ，选取音频，将音频拖动到另一段音频上，两个音频将重叠，如图 3-47 所示。

（2）在音频上单击鼠标右键，在弹出的快捷菜单中选择"将剪辑置于顶层"或"将剪辑置于底层"选项，如图 3-48 所示；重新排列所选剪辑的顺序，如图 3-49 所示。

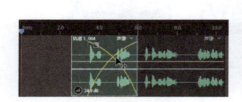

图 3-47 重叠音频

图 3-48 快捷菜单

4. 复制剪辑

（1）在工具栏中单击"移动工具"按钮 ，选取音频，按住鼠标右键拖动剪辑到适当位置，如图 3-50 所示，释放鼠标，弹出如图 3-51 所示的快捷菜单。

图 3-49 排列顺序

图 3-50 拖动剪辑

（2）在快捷菜单中选择"复制到当前位置"选项，将剪辑复制到鼠标所在位置，如图 3-52 所示。

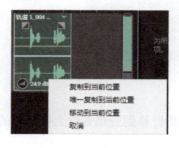

图 3-51 快捷菜单

图 3-52 复制剪辑

选取音频，单击鼠标右键，在弹出的快捷菜单中选择"复制"选项，如图 3-53 所示，将播放指示器放置在适当位置，单击鼠标右键，在弹出的快捷菜单中选择"粘贴"选项，如图 3-53 所示，在播放指示器处复制剪辑。

5. 设置音频剪辑属性

选择音频剪辑，执行"窗口"|"属性"命令，打开如图 3-54 所示的属性面板，在"基本设置"中设置音频剪辑的颜色、增益、锁定时间以及静音等。

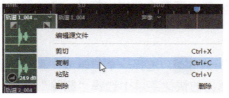

图 3-53　快捷菜单

➢ 剪辑颜色：单击右侧的色板，打开如图 3-55 所示的"剪辑颜色"对话框，选择适当的颜色，更改音频剪辑颜色。

图 3-54　属性面板　　　　图 3-55　"剪辑颜色"对话框

➢ 剪辑增益：以混合的低或高音量剪辑。
➢ 锁定时间：勾选此选项，锁定图标 出现在剪辑上。仅允许上下移动到其他具有固定的时间轴位置的轨道。
➢ 循环：勾选此选项，启用剪辑循环，循环图标 出现在剪辑上。
➢ 静音：勾选此选项，使剪辑静音，静音图标 出现在剪辑上，此时剪辑呈黑白色。

6. 修剪或扩展剪辑

将光标定位在剪辑的左、右边缘上，当指针显示为 或 时，按下左键，将鼠标拖动到合适位置释放，即可扩展或修剪剪辑，如图 3-56 所示。

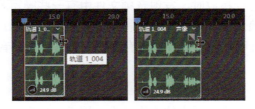

图 3-56　扩展或修剪剪辑

也可以选择"剪辑"|"修剪"命令，在修剪菜单中选择"修剪到时间选区"、"修剪入点到播放指示器"和"修剪出点到播放指示器"，如图 3-57 所示。

图 3-57　修剪菜单

7. 移动修剪或循环剪辑的内容

在工具栏中单击"滑动工具"按钮，在整个剪辑中拖动，滑动编辑修剪或循环的剪辑，以在剪辑边缘内移动其内容。

8. 删除剪辑

在工具栏中单击"时间选择工具"按钮，选择一个剪辑或在多个剪辑内按住鼠标拖动选择一个范围，单击鼠标右键，在弹出的快捷菜单中选择"删除"选项，从剪辑中删除该范围。

如果在弹出的快捷菜单中选择"波纹删除"选项，则将显示如图 3-58 所示的下拉菜单，选择对应的选项删除剪辑。

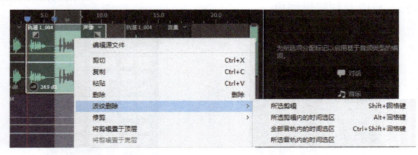

图 3-58　下拉菜单

➢ 选定剪辑：删除选定的剪辑，在相同的轨道上转移其余剪辑。
➢ 所选剪辑内的时间选区：从选定剪辑中移除范围，在必要时拆分它们。
➢ 全部音轨内的时间选区：从该会话的所有剪辑中移除范围。
➢ 所选音轨内的时间选区：仅从当前编辑器面板中突出的轨道中删除范围。

任务 4　音频的效果处理

任务引入

小李将录制的音频进行播放时，发现音频文件中有一些噪声和回声，而且自己的声音不够响亮。他还想给实验过程加上一些声音特效，如火车行驶的声音、爆炸声等，使实验更加逼真。怎么给声音降噪？怎么使声音更有磁性？怎么添加声音特效呢？

知识准备

Audition 提供了非常丰富、强大的声音效果，用于处理音频文件。用户只需要简单的几步操作，就可以创建出扭曲、变调、均衡等广泛应用于音频文件的混音效果。在"效果"菜单（如图 3-59 所示）中可以看到音频效果处理命令，单击各命令右侧的 ▷ 按钮，可以查看该类效果的列表。

一、振幅与压限

选取音频，单击"效果"|"振幅与压限"命令，或在效果组面板对应的轨道上单击 ▶ 按钮，在打开的菜单中选择"振幅与压限"命令，打开"振幅与压限"菜单，添加振幅与压限效果，包括增幅、消除齿音、动态、强制限幅等，如图3-60所示。

图3-59 "效果"菜单

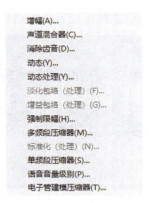

图3-60 "振幅与压限"菜单

- 增幅：可增强或减弱音频信号。
- 声道混合器：可改变立体声或环绕声声道的平衡，可更改声音的表现位置、校正不匹配的电平或解决相位问题。
- 消除齿音：去除语音和歌声中使高频扭曲的齿音"嘶嘶"声。
- 动态：动态效果包含自动门、压缩器、扩展器、限幅器4个部分，可以单独控制每一部分。
- 动态处理：可用作压缩器、限幅器和扩展器。作为压缩器和限幅器时，此效果可减少动态范围，产生一致的音量。作为扩展器时，它通过减小低电平信号的电平来增加动态范围。（利用极端扩展器设置，可以创建噪声门来完全消除低于特定振幅阈值的噪声）。动态处理效果仅产生微妙变化，只有在反复聆听时才会注意到。
- 淡化包络（处理）：随着时间的推移将振幅减小成各种不同的量。
- 增益包络（处理）：随着时间的推移增加或减小振幅。
- 强制限幅：该效果会大幅减弱高于指定阈值的音频。通常，通过输入增加施加限制，这是一种可提高整体音量同时又避免扭曲的方法。
- 多频段压缩器：可独立压缩4个不同的频段。由于每个频段通常包含唯一的动态内容，因此多频段压缩对于音频母带处理是一个强大的工具。多频段压缩器中的控件可精确地定义分频频率并应用频段特定的压缩设置。
- 标准化（处理）：可设置文件或选择项的峰值电平。将音频标准化到100%时，可获得数字音频允许的最大振幅0dBFS。但是，如果要将音频发送给母带处理工程师，则应将音频标准化到-3～-6dBFS，为进一步处理提供缓冲。
- 单频段压缩器：可减小动态范围，从而产生一致的音量并提高感知响度。单频段压缩器对于画外音有效,因为它有助于在音乐音轨和背景音频中突显语音。
- 语音音量级别:优化对话的压缩效果,可平均音量和去除背景噪声。
- 电子管建模压缩器:模拟老式硬件压缩器的温暖度。使用此效果可添加使音频增色的微妙扭曲。

案例——使声音有磁性

(1)在文件面板中双击打开一段音频文件或直接录制一段音频文件,如图 3-61 所示。

(2)执行"效果"|"振幅与压限"|"电子管建模压缩器"命令,打开如图 3-62 所示的"效果-电子管建模压缩器"对话框。

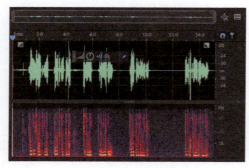
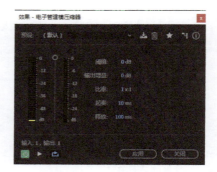

图 3-61　音频文件　　　　　图 3-62　"效果-电子管建模压缩器"对话框

- 预设:包括人声提升器、人声触发器、低至中音增强器、光线主控、吉他吸引器、垫处理、墙式限幅器、幸福的低音、慷慨的低音、收音机调平器、更多冲击声、烤饼糊、画外音、语音增厚器、语音调平器和金属面。
- 阈值:设置压缩开始时的输入电平,范围为-60~0dB。最佳设置取决于音频内容和音乐样式。
- 输出增益:在压缩之后增强或消减振幅。
- 比率:设置介于 1:1 和 30:1 之间的压缩比。例如,当设置为 5:1 时,在压缩阈值以上每增加 5dB,输出将增加 1dB。最好的设置范围为 2:1~5:1。
- 起奏:确定当音频超过阈值时应用压缩的速度,范围为 0~500ms,默认为 10ms。
- 释放:确定在音频下降到阈值后停止压缩的速度,范围为 0~500ms,默认为 100ms,可适用于各种音频。

(3)在对话框中拖动滑块调整阈值或直接输入阈值为-28dB,比率为 4,起奏为 8,释放为 90,其他采用默认设置,如图 3-63 所示。

(4)在对话框中单击"预览播放/停止"按钮▶,试听效果,单击"应用"按钮,应用电子管建模压缩器效果,调整后的音频如图 3-64 所示。

图 3-63　设置参数　　　　　图 3-64　调整后的音频

二、延迟与回声

选取音频，单击"效果"|"延迟与回声"命令，或在效果组面板对应的轨道上单击 ▶ 按钮，在打开的菜单中选择"延迟与回声"命令，打开"延迟与回声"菜单，添加延迟与回声效果，包括"模拟延迟"、"延迟"和"回声"效果，如图 3-65 所示。

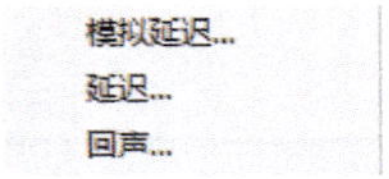

图 3-65 "延迟与回声"菜单

- 模拟延迟：可模拟老式硬件压缩器的声音温暖度，可应用特性扭曲并调整立体声扩展。
- 延迟：用于产生单个回声以及大量其他效果。35ms 或更长时间的延迟可产生不连续的回声，而 15~34ms 的延迟可产生简单的和声或镶边效果。
- 回声：可向声音添加一系列重复的衰减回声。

三、滤波与均衡

选取音频，单击"效果"|"滤波与均衡"命令，或在效果组面板对应的轨道上单击 ▶ 按钮，在打开的菜单中选择"滤波与均衡"命令，打开"滤波与均衡"菜单，添加滤波与均衡效果，包括"FFT 滤波器"、"图形均衡器"、"陷波滤波器"和"参数均衡器"等，如图 3-66 所示。

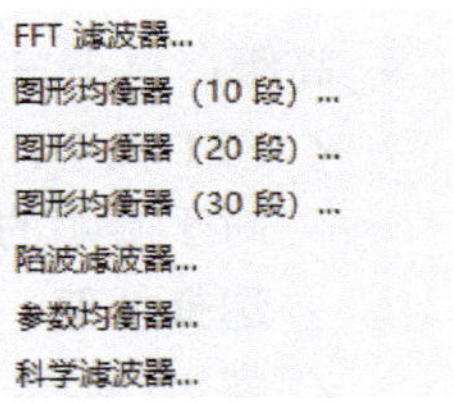

图 3-66 "滤波与均衡"菜单

- FFT 滤波器：使用"绘制"频率响应图形的方式来控制声音的增益或衰减。
- 图形均衡器：可以在不同的固定频率下以固定的带宽进行增益或衰减。
- 陷波滤波器：用于去除音频中特定频率的声音，如特定的共振或交流电的"嗡嗡"声。
- 参数均衡器：有 9 个频段可供调整。其中"L"代表低频，"H"代表高频，"HP"为高通，"LP"为低通。
- 科学滤波器：常用于数据采集。在音频应用方面，也可以用来创建陡峭的斜坡、狭窄的陷波、超尖的峰值以及其他高精度的滤波器响应，还可调整相位偏移和组延迟。

案例——制作电话音效

（1）在文件面板中双击打开一段音频文件或直接录制一段音频文件，如图 3-67 所示。

（2）执行"效果"|"滤波与均衡"|"FFT 滤波器"命令，打开如图 3-68 所示"效果-FFT 滤波器"对话框。

- 预设：包括 C 大调三和弦、LP 去加重曲线、办公室声音、保持 400-4K、保持 EQ、只有超重低音、只有高频音、电话-听筒、电话-语音邮件等。
- 缩放：确定如何沿 X 轴排列频率，包括对数和线性。
- 对数：对低频进行微调控制，可更真实地模拟人类听到的声音。
- 线性：适用于具有平均频率间隔的详细高频作业。
- 曲线：在控制点之间创建更平滑的曲线过渡。
- 重置 ⟲：单击此按钮，将图形恢复到默认状态，移除滤波。

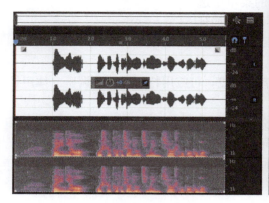

图 3-67 音频文件　　　　　　图 3-68 "效果-FFT 滤波器"对话框

> 高级：单击三角形显示 FFT 大小和窗口选项。
  - ✓ FFT 大小：指定"快速傅立叶变换"的大小，确定频率和时间精度之间的权衡。对于陡峭的精确频率滤波器，选择高值；要减少带打击节奏的音频中的瞬时扭曲，选择低值。1024～8192 之间的值适用于大多数素材。
  - ✓ 窗口：确定"快速傅立叶变换"的形状，每个选项都会产生不同的频率响应曲线。这些功能按照从最窄到最宽的顺序列出。功能越窄，包括的环绕声或旁波频率就越少，但不能精确地反映中心频率。功能越宽，包括的环绕声频率就越多，但能更精确地反映中心频率。

（3）分别在曲线的 1kHz 和 4kHz 频率处单击，添加关键帧，拖动关键帧到适当位置，使 1～4kHz 频率段处于高频段，其他频率段处于低频段，如图 3-69 所示。

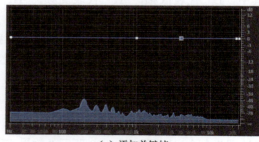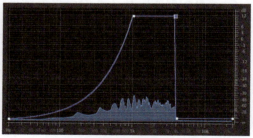

（a）添加关键帧　　　　　　　　　　（b）调整曲线

图 3-69 设置参数

（4）在对话框中单击"预览播放/停止"按钮，试听效果，如果不满意可以继续调整曲线；单击"应用"按钮，应用参数均衡器效果，如图 3-70 所示。

（5）也可以直接在对话框中选择"电话-听筒"预设，如图 3-71 所示，直接应用软件自带的"电话–听筒"效果。

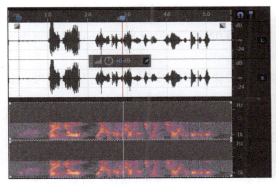
图 3-70 应用参数均衡器效果

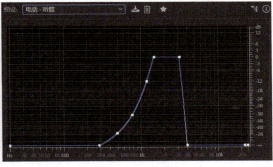
图 3-71 选择"电话-听筒"效果

案例——让声音更好听

（1）在文件面板中双击打开一段音频文件或直接录制一段音频文件，如图 3-72 所示。

（2）执行"效果"|"滤波与均衡"|"参数均衡器"命令，打开如图 3-73 所示的"效果-参数均衡器"对话框。

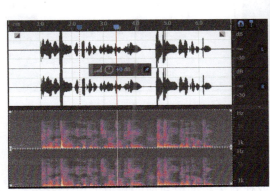
图 3-72 音频文件

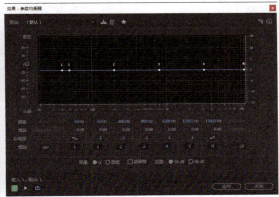
图 3-73 "效果-参数均衡器"对话框

- 预设：包括人声增强、低音鼓、全部重设、原声吉他、响度最大化、常规低通、常规高通、老式收音机、说唱音乐、重金属吉他等。
- 图形说明：沿水平标尺（X 轴）显示频率，沿垂直标尺（Y 轴）显示振幅，图形中的频率范围从最低到最高为对数形式。图示中的数字和字母对应下方的频段。
- 频率：设置频段 1～5 的中心频率，以及带通滤波器和限值滤波器的转角频率。
- 增益：设置频段的增强或减弱值以及低通滤波器的每个八度音阶斜率。
- Q/宽度：控制受影响的频段的宽度。Q/宽度与中心频率的比值，在图形上表现为波形的陡度。Q 值越低，影响的频率范围越大；Q 值越高，影响的频率范围越小。
- 频段：最多可启用（1、2、3、4、5）五个中间频段的带通滤波器，以及高通 HP、低通 LP、高切 H（上限）、低切 L（上限）。
- 常量：包括"Q"和"宽度"两个选项。选择"Q"选项，以 Q 值描述频段的宽度；选择"宽度"选项，以绝对宽度值描述频段的宽度。
- 超静音：几乎可消除噪声和失真，但需要更多处理。只有在高端耳机和监控系统上才能听见此选项的效果。
> 范围:将图形范围设置为 30dB 可进行更精确的调整,而设置为 96dB 可进行更极端的调整。

(3) 单击"预览播放/停止"按钮▶,观察声音图像,如图 3-74 所示。从图中可以看出这段音频比较低沉,因此我们需要将声音调亮。

(4) 单击 HP 按钮,将低于 40Hz 的频段全部清除;在第 1 频段设置频率为 100Hz,增益为-3.5,宽度为 5,减小低沉的声音;在第 2 频段设置频率为 250Hz,增益为-4.5,宽度为 6,将去除 200~300Hz 的杂声;在第 4 频段设置频率为 4000Hz,增益为 3.5,宽度为 5,提亮音色;单击 S 按钮,关掉第 5 频段;在第 H 频段设置频率为 8000Hz,增益为 2.4,提亮音色;其他采用默认设置,如图 3-74 所示。

(5) 在对话框中单击"预览播放/停止"按钮▶,试听效果,如果不满意可以继续调整参数;单击"应用"按钮,应用参数均衡器效果,如图 3-75 所示。

图 3-74　声音图像 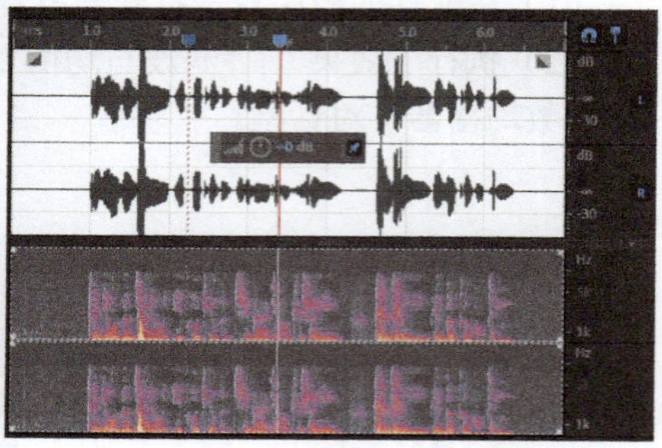　　　　　　　　　图 3-75　应用参数均衡器效果

四、调制

选取音频,单击"效果"|"调制"命令,或在效果组面板对应的轨道上单击▶按钮,在打开的菜单中选择"调制"命令,打开"调制"菜单,添加调制效果,包括"和声"、"镶边"和"移相器"等,如图 3-76 所示。

> 和声:使用短时延迟在原始信号的基础上创建额外的声音,从而使声音产生合奏的感觉。
> 和声/镶边:是和声和镶边效果的简化版本。
> 镶边:与和声效果一样,只不过它使用更短的时间来创建相位抵消,从而带来生动、共鸣的感觉。
> 移相器:使用全通滤波器而不是延迟来移相,与镶边效果类似,但处理更微妙。

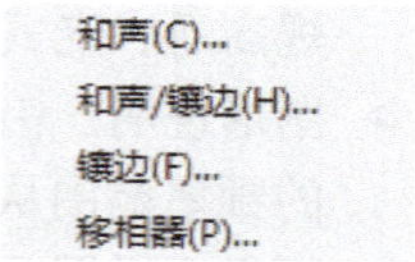

图 3-76　"调制"菜单

五、降噪/恢复

选取音频,单击"效果"|"降噪/恢复"命令,或在效果组面板对应的轨道上单击▶按钮,在打开的菜单中选择"降噪/恢复"命令,打开"降噪/恢复"菜单,添加降噪/恢复

效果，包括"降噪"、"消除嗡嗡声"和"减少混响"等，如图 3-77 所示。

> 捕捉噪声样本：捕捉当前音频选区，并在下次应用"降噪（处理）"效果时作为噪声样本加载。
> 降噪（处理）：可用于去除噪声组合，包括磁带嘶嘶声、麦克风背景噪声、电线嗡嗡声及波形中任何恒定的噪声。
> 了解声音模型：将捕捉当前的音频选区并将其加载为声音模型，以便在下次应用"声音移除（处理）"效果时使用。

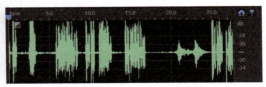

图 3-77　"降噪/恢复"菜单

> 声音移除（处理）：可从音频中移除不需要的音频源。此效果可分析音频的选定部分，并且会构建一个声音模型，用于查找和移除声音。
> 咔嗒声/爆音消除器（处理）：可用于去除麦克风爆音、咔嗒声、轻微嘶声以及噼啪声。这种噪声在诸如老式黑胶唱片和现场录音之类的录制中比较常见。
> 降低嘶声（处理）：可减少录音带、黑胶唱片或麦克风前置放大器等音源中的嘶声。
> 降噪：可降低或完全去除音频中的噪声，包括不需要的嗡嗡声、嘶嘶声、风扇噪声、空调噪声或任何其他背景噪声。
> 自适应降噪：可快速去除变化的宽频噪声，如背景声音、隆隆声和风声。
> 自动咔嗒声移除：可以校正一大片区域的音频或单个咔嗒声或爆音，可以快速去除黑胶唱片中的噼啪声和静电噪声。
> 自动相位校正：处理未对准的磁头中的方位角误差、放置错误的麦克风的立体声模糊以及许多其他相位相关问题。
> 消除嗡嗡声：可去除窄频段及其谐波。最常见的应用是处理照明设备和电子设备的电线嗡嗡声，也可以应用于陷波滤波器，以从源音频中去除过度的谐振频率。
> 减少混响：可评估混响轮廓并帮助调整混响总量。值的范围为 0%～100%，并可控制应用于音频信号的处理量。

案例——去除噪声

（1）在文件面板中双击打开一段音频文件或直接录制一段音频文件，如图 3-78 所示。
（2）为了方便拾取噪声位置，放大音频区域和振幅，如图 3-79 所示。

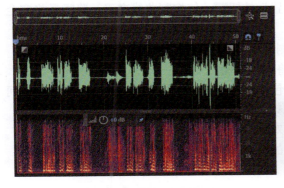

图 3-78　音频文件　　　　　　　图 3-79　放大音频区域和振幅

（3）在编辑器面板中选取一段有噪声的区域，如图 3-80 所示，执行"效果"|"降噪/恢复"|"捕捉噪声样本"命令，打开如图 3-81 所示的"捕捉噪声样本"对话框，单击"确定"按钮。

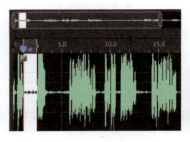

图 3-80　选取区域

图 3-81　"捕捉噪声样本"对话框

（4）执行"效果"|"降噪/恢复"|"降噪（处理）"命令，打开如图 3-82 所示的"效果-降噪"对话框。

- 控制曲线（蓝色线）：拖动控制点以改变不同频率范围中的降噪值。
- 捕捉噪声样本：单击此按钮，在编辑器面板中捕捉选区作为噪声样本。
- 保存当前噪声样本：将噪声样本另存为.fft 文件，其中包含有关样本类型、FFT 大小和三组 FFT 系数（一组表示找到的最低噪声量，一组表示最高量，一组表示平均值）的信息。
- 从磁盘中加载噪声样本：打开任意之前用 Adobe Audition 保存的 FFT 格式的噪声样本。但是，只能将噪声样本应

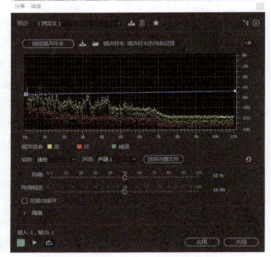

图 3-82　"效果-降噪"对话框

用于相同的采样类型中。注意：由于噪声样本非常特定，一种类型的噪声样本并不适用于其他类型。但是，如果定期删除相似噪声，则保存的配置文件可以大大提高效率。

- 图形：沿 X 轴（水平）描述频率，沿 Y 轴（垂直）描述降噪量。蓝色控制曲线设置不同频率范围内的降噪量。单击"重置"按钮，使控制曲线变平，降噪量将完全基于噪声样本。
- 噪声基准："高"表示在每个频率监测到的噪声的最高振幅；"低"表示最低振幅；"阈值"表示特定振幅，低于该振幅将进行降噪。
- 缩放：确定如何沿水平轴排列频率，包括线性和对数。线性适用于具有平均频率间隔的详细高频作业；对数适用于对低频进行微调控制。
- 声道：在图中显示选定声道。降噪量对于所有声道始终是相同的。
- 选择完整文件：单击此按钮，将捕捉的噪声样本应用于整个文件。
- 降噪：控制输出信号中的降噪程度。
- 降噪幅度：确定检测到的噪声的降低幅度。6～30dB 之间的值效果较好。

> 仅输出噪声：仅预览噪声，以便确定该效果是否将去除那些不需要的音频。
> 高级：单击三角形显示下列选项。
> ✓ 频谱衰减率：指定当音频低于噪声基准时处理的频率的百分比。值为 40%～75% 时效果最好。低于这些值时，常会听到发泡声音失真；高于这些值时，通常会保留过渡噪声。
> ✓ 平滑：考虑每个频段内噪声信号的变化。通常，提高平滑量可减少发泡背景失真，但代价是增加整体背景宽频噪声。
> ✓ 精度因素：控制振幅变化。值为 5～10 时效果最好，奇数适合于对称处理。值等于或小于 3 时，将在大型块中执行快速傅里叶变换，在这些块之间可能会出现音量下降或峰值。值超过 10 时，不会产生任何明显的品质变化，但会增加处理时间。
> ✓ 过渡宽度：确定噪声和所需音频之间的振幅范围。
> ✓ FFT 大小：确定分析的单个频段的数量。每个频段的噪声都会单独处理，因此频段越多，用于去除噪声的频率细节越精细。良好设置的范围是 4096～8192。
> ✓ 噪声样本快照：确定捕捉的配置文件中包含的噪声快照数量。值为 4000 时最适合生成准确数据。

（5）在对话框中拖动降噪上的滑块，调整降噪量或直接输入降噪量为 80；拖动降噪幅度上的滑块，调整降噪幅度或直接输入降噪幅度为 20，单击"选择完整文件"按钮，选择整个文件，拖动蓝色线上的两个端点，使阈值和高噪声重合，如图 3-83 所示。

（6）在对话框中单击"预览播放/停止"按钮 ，试听效果，单击"应用"按钮，应用降噪效果，去除噪声，如图 3-84 所示。

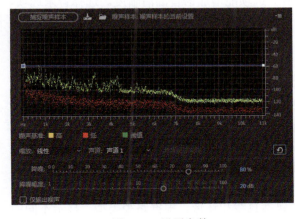

图 3-83　设置参数

图 3-84　去除噪声

（7）重复上述步骤，继续去除其他位置上的噪声，如图 3-85 所示。

图 3-85　去除所有噪声

提示：低于 40Hz 以下的声音信号一般被认为是噪声。

六、特殊效果

选取音频，单击"效果"|"特殊效果"命令，或在效果组面板对应的轨道上单击 ▶ 按钮，在打开的菜单中选择"特殊效果"命令，打开"特殊效果"菜单，添加特殊效果，包括"扭曲"、"吉他套件"、"母带处理"、"响度计"和"人声增强"等，如图3-86所示。

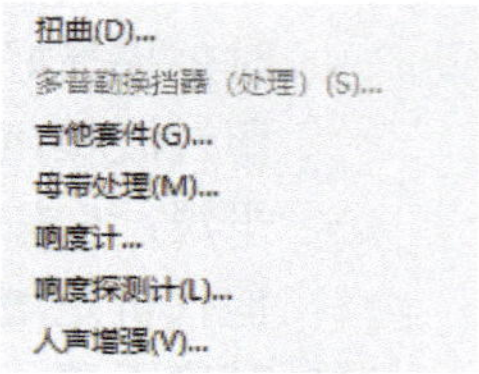

图3-86 "特殊效果"菜单

- 扭曲：通过对信号的峰值进行削波来产生谐波。可以为正、负值创建不同量的削波，形成不对称的失真，当然也可以产生对称失真。
- 多普勒换挡器（处理）：能改变音高和振幅，它是基于多普勒效应产生的一个工具，主要使声音产生由远及近的效果。
- 吉他套件：用于模拟吉他信号的处理链，也可以为别的乐器添加特殊效果。
- 母带处理：一种快速对音频进行整体处理的方法。一般可以使低频比例适当，立体声声像更宽，并整体提升主观响度。
- 响度计：响度计为广播、播客和流媒体内容提供基于ITU的行业标准响度监测，以透明方式针对所有混音、单个轨道或总音轨和子混音测量项目响度。
- 响度探测计：为广播电视制作内容，其中的一个交付要求与声音的最大音量有关。使用雷达响度计，目标通常都是让响度保持在雷达的绿色区域。
- 人声增强：男性（低音）、女性（高音）选项能增加语音的清晰度。选择音乐选项，能减小干扰语音的频率，简单实用。

案例——火车驶过离去

（1）在文件面板中双击打开一段火车行驶的音频文件。
（2）执行"效果"|"特殊效果"|"多普勒换挡器（处理）"命令，打开如图3-87所示的"效果-多普勒换挡器"对话框。

- 预设：包括从右到左紧密通过、从左到右飞快移动、喷气机、圆中旋转、在右侧通过、在左侧通过、大道、救护车、旋转木马、旋转点声源、滴水、超快经过的火车、超音速重返等。
- 路径文字：定义声源要采取的路径，包括直线和环形。根据路径类型，显示不同的选项。
- 开始距离：设置效果的虚拟起始点，以米为单位。
- 速度：定义效果移动的速度，以米/秒为单位。
- 来自：设置效果来自的虚拟方向，以度为单位。
- 前端通过：指定效果在听者前方多远处穿过，以米为单位。
- 右侧通过：指定效果在听者右侧多远处穿过，以米为单位。

当选择"环形"选项时，显示如图3-88所示的选项。

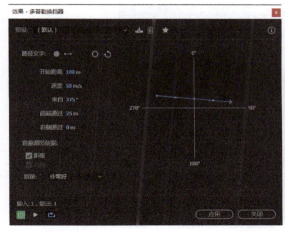
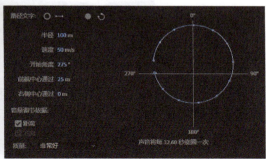

图 3-87 "效果-多普勒换挡器"对话框　　　　图 3-88 "环形"选项

- 半径：设置效果的环形尺寸，以米为单位。
- 开始角度：设置效果的虚拟角度，以度为单位。
- 前端中心通过：指定声源距离听者前方多远，以米为单位。
- 右侧中心通过：指定声源距离听者右侧多远，以米为单位。
- 音量调节依据：包括距离和方向选项。勾选"距离"选项，根据距离调整音量；勾选"方向"选项，根据方向调整音量。
- 质量：提供6个不同的质量级别，包括低（最快）、好、非常好、极好、接近完美、完美（最慢）。较高的质量级别通常会产生更好的音响效果，但需要的处理时间也会相应地增多。

（3）执行"窗口"|"相位分析"命令，打开如图 3-89 所示的"相位分析"界面，该界面可显示声道方位。

（4）在"效果-多普勒换挡器"对话框中选择"路径文字"为线性，设置"开始距离"为 200m，"右侧通过"为 10m，"质量"为非常好，其他采用默认设置，如图 3-90 所示。此时，预览编辑器如图 3-91 所示。

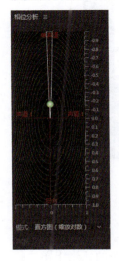

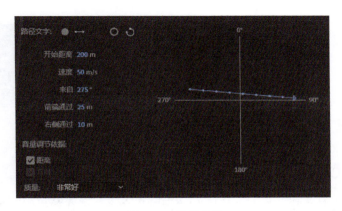

图 3-89 "相位分析"界面　　　　　　　　　图 3-90 设置参数

99

图 3-91　预览编辑器

（5）在对话框中单击"预览播放/停止"按钮▶，试听效果，能听出火车从左方开过来。如果将"来自"更改为87°，如图3-92所示，单击"预览播放/停止"按钮▶，试听效果，将听出火车从右方开过来。

（6）也可以直接在对话框中选择"预设"为超快经过的火车，如图3-93所示。

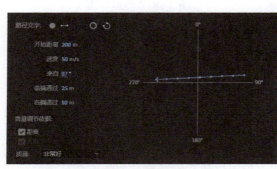
　　图 3-92　更改参数

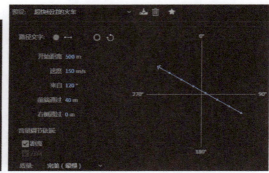
　　图 3-93　选择超快经过的火车效果

（7）在对话框中单击"预览播放/停止"按钮▶，试听效果，单击"应用"按钮，应用多普勒换挡器效果，如图3-94所示。

图 3-94　应用多普勒换挡器效果

七、混响

选取音频，单击"效果"|"混响"命令，或在效果组面板对应的轨道上单击▶按钮，

在打开的菜单中选择"混响"命令，打开"混响"菜单，添加混响效果，包括"卷积混响"、"完全混响"、"室内混响"和"环绕声混响"等，如图3-95所示。

- ➢ 卷积混响：通过加载一个有特定声学空间特征的脉冲，利用卷积算法分析出这个混响的规律并产生效果，显得非常真实并且依然可调节。
- ➢ 完全混响：相对于混响效果，完全混响效果提供更多选项和更好的音频渲染，也是最复杂的一个混响效果器。
- ➢ 混响：采用的是卷积混响方法，但它不能加载脉冲文件。
- ➢ 室内混响：与其他混响效果一样，可模拟声学空间。相对于其他混响效果，它的速度更快。
- ➢ 环绕声混响：主要用于5.1音源，但也能将单声道或立体声音频放入一个虚拟的环绕声环境中。

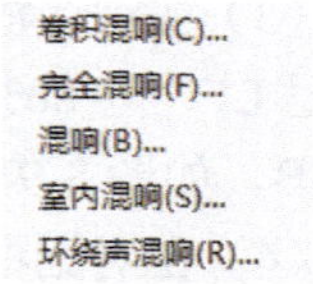

图3-95 "混响"菜单

案例——制作收音机音效

（1）在文件面板中双击打开一段音频文件，如图3-96所示。

（2）执行"效果"|"混响"|"卷积混响"命令，打开如图3-97所示的"效果-卷积混响"对话框。

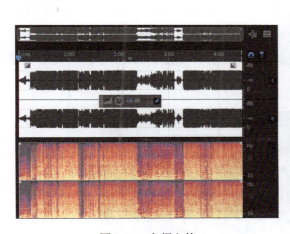

图3-96 音频文件

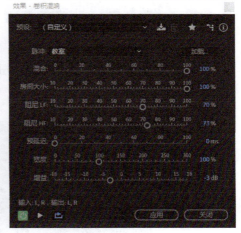

图3-97 "效果-卷积混响"对话框

- ➢ 预设：包括公共开放电视、冷藏室、有烟味的酒吧、桥下、走廊、角落、虚幻会议室等。
- ➢ 脉冲：指定模拟声学空间，包括教室、车内、画廊、演讲厅、更衣室、巨大空间、客厅、淋浴室内、螺旋楼梯、反转隧道等。
- ➢ 混合：控制原始声音与混响声音的比率。
- ➢ 房间大小：指定由脉冲指定的完整空间的百分比，百分比越大，混响越长。
- ➢ 阻尼LF：减少混响中的低频重低音分量，避免模糊并产生更清晰的声音。
- ➢ 阻尼HF：减少混响中的高频瞬时分量，避免刺耳声音并产生更温暖、更生动的声音。
- ➢ 预延迟：确定混响形成最大振幅所需的毫秒数。

➢ 宽度：控制立体声扩展。设置为 0 时将生成单声道混响信号。
➢ 增益：在处理之后增强或减弱振幅。

（3）在对话框中设置"脉冲"为车内，分别调整"混合"为 20%，"房间大小"为 20%，"阻尼 LF"为 80%，"阻尼 HF"为 10%，"预延迟"为 100ms，"宽度"为 70%，"增益"为 −10dB，如图 3-98 所示。

（4）在对话框中单击"预览播放/停止"按钮▶，试听效果，如果不满意可以继续调整参数；单击"应用"按钮，应用卷积混响效果，如图 3-99 所示。

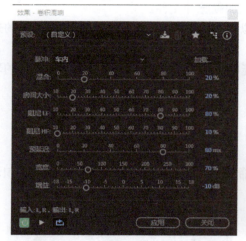
图 3-98　设置参数

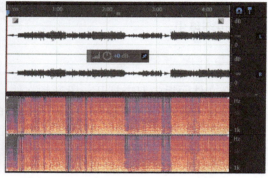
图 3-99　应用卷积混响效果

（5）执行"效果"|"特殊效果"|"扭曲"命令，打开如图 3-100 所示的"效果-扭曲"对话框。

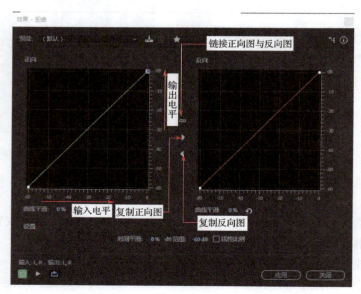
图 3-100　"效果-扭曲"对话框

➢ 预设：包括挑选刮刀、无限扭曲、最大的痛苦、最终失败、沼泽异形、磁带驱动器、蛇皮、铃声模式等。

- 曲线平滑：在控制点之间创建曲线过渡，有时会产生比默认线性过渡更自然的扭曲。
- 重置：将图形恢复成默认不扭曲状态。
- 时间平滑：确定扭曲对输入电平变化的反应速度。
- dB 范围：更改图形的振幅范围，以限制该范围的扭曲。
- 线性比例：将图形的振幅比例从对数分贝更改为标准化值。

（6）在正向曲线上添加关键帧并拖动，调整曲线，制作信号干扰音效，如图 3-101 所示。

（7）在对话框中单击"预览播放/停止"按钮，试听效果，如果不满意可以继续调整曲线；也可以直接选择"挑选刮刀"预设效果，单击"应用"按钮，应用扭曲效果，如图 3-102 所示。

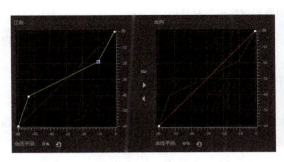

图 3-101　调整曲线

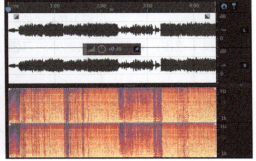

图 3-102　应用扭曲效果

八、立体声声像

选取音频，单击"效果"|"立体声声像"命令，或在效果组面板对应的轨道上单击按钮，在打开的菜单中选择"立体声声像"命令，打开"立体声声像"菜单，添加立体声声像效果，包括"中置声道提取器"、"图形相位调整器"和"立体声扩展器"，如图 3-103 所示。

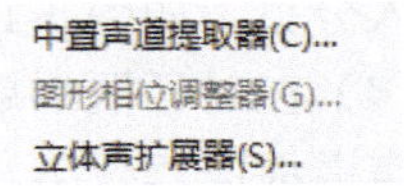

图 3-103　"立体声声像"菜单

- 中置声道提取器：可保持或删除左、右声道共有的频率，即中置声场的声音。一般来说，人声、贝斯和底鼓会摆放在中置声道。这是卡拉 OK 常用的去除人声的方法。
- 图形相位调整器：通过向图示中添加控制点来调整波形的相位。
- 立体声扩展器：是母带处理效果器中"加宽器"的更复杂的版本。立体声扩展器的目的用于加宽或收窄立体声声像。

案例——歌曲制作伴奏

（1）在文件面板中双击打开一段歌曲文件。

（2）执行"效果"|"立体声声像"|"中置声道提取器"命令，打开如图 3-104 所示的"效果-中置声道提取"对话框。

- 预设：包括人声移除、卡拉 OK、增幅人声、提升中置声道低音、提高人声 10dB、无伴奏合唱、跟唱（降低人声 6dB）等。
- 提取：选择中心、左、右或环绕声道的音频或选择自定义，并为想要提取或删除的音频指定精确的相位度（相角）、平移百分比（声像）和延迟时间。

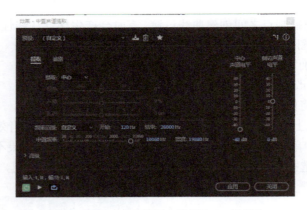

图 3-104 "效果-中置声道提取"对话框

- 频率范围:设置提取或删除的范围,包括低音人声、高音人声、低音、全频谱和自定义。
- 中心/侧边声道电平:指定选定信号中想要提取或删除的量。
- 高级:单击三角形显示下列选项。
  - ✓ FFT 大小:指定快速傅立叶变换大小,低设置可提高处理速度,高设置可提高品质。通常,4096~8192 的值效果最好。
  - ✓ 叠加:较高值可产生更平滑的结果或类似和声的效果,但需要更长的处理时间。较低值可产生发泡声音背景噪声。3~9 的值效果较好。
  - ✓ 窗口宽度:指定每个 FFT 窗口的百分比。30%~100%的值效果较好。

(3)在"预设"下列列表中选择"人声移除",将中心声道电平的滑块拖到最低点或直接输入分贝,如图 3-105 所示。

(4)在对话框中单击"预览播放/停止"按钮▶,试听效果,单击"应用"按钮,应用中置声道提取器效果,如图 3-106 所示,移除歌曲中的人声,留下背景音乐。

图 3-105 设置参数

图 3-106 应用中置声道提取器效果

九、时间与变调

选取音频,单击"效果"|"时间与变调"命令,或在效果组面板对应的轨道上单击▶按钮,在打开的菜单中选择"时间与变调"命令,打开"时间与变调"菜单,添加时间与变调效果,包括"自动音调更正"、"变调器"和"伸缩与变调(处理)",如图 3-107 所示。

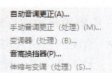

图 3-107 "时间与变调"菜单

➢ 自动音调更正：为音调稍微不准的人声而设计。通过分析人声来获取音调，计算出演唱音符与正确音调之间的差距，然后通过提高或降低音频的音调来进行补偿校正。
➢ 手动音调更正（处理）：通过在波形编辑器中调整音频更正包络来升高或降低音高。
➢ 变调器（处理）：可以随时间改变音频的音调。
➢ 音高换挡器：可改变音调。它是一个实时效果，可与母带处理组或效果组中的其他效果相结合。
➢ 伸缩与变调（处理）：更改音频信号、节奏或两者的音调。

案例——卡带

（1）在文件面板中双击打开一首歌曲文件，如图 3-108 所示。
（2）执行"效果"|"时间与变调"|"变调器（处理）"命令，打开如图 3-109 所示的"效果-变调器"对话框，此时在编辑器面板的左、右声道中间显示一条紫色的包络线，如图 3-110 所示。

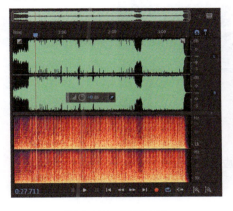

图 3-108　打开文件

图 3-109　"效果-变调器"对话框

➢ 质量：控制质量级别。较高的质量级别可产生最好的声音，但是它们需要更长的时间进行处理。较低的质量级别会产生更多不需要的谐波失真，但是它们的处理时间较短。
➢ 范围：将垂直标尺（Y 轴）的缩放设置为半音（一个八度有 12 个半音）或每分钟的节拍。对于半音的范围，音调按对数变化，可以指定变高或变低的半音数。对于每分钟的节拍的范围，音调按直线变化，而且必须同时指定范围和基本节拍。

（3）放大音频区域，在包络线上需要添加效果的地方单击添加关键帧，如图 3-111 所示。

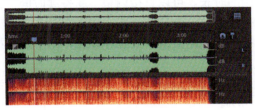

图 3-110　显示包络线

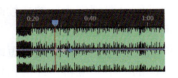

图 3-111　添加关键帧

（4）选取第二个关键帧，向下拖动更改振幅，继续选取第三个关键帧，向上拖动调整振幅，如图 3-112 所示。

图 3-112　调整关键帧位置

（5）在对话框中单击"预览播放/停止"按钮，试听效果，如果效果不符合要求，再次调整关键帧位置，调整完毕后，单击"应用"按钮，应用效果，如图 3-113 所示。

图 3-113　应用效果

案例——女声转变为男声

（1）在文件面板中双击打开一段女声音频文件。

（2）执行"效果"|"时间与变调"|"伸缩与变调"命令，打开如图 3-114 所示的"效果-伸缩与变调"对话框。

- 算法：选择"IZotope Radius"可同时伸缩音频和变调，此算法需要较长的处理时间，但引入的人为噪声较少。选择"Audition"可随时间更改伸缩或变调设置。
- 精度：较高的设置可以获得更好的质量，但需要更多的处理时间。
- 新持续时间：显示时间拉伸后音频的时长。可以直接调整"新持续时间"值，或者通过更改"伸缩"百分比间接进行调整。
- 将伸缩设置锁定为新的持续时间：覆盖自定义或预设拉伸设置，而不是根据持续时间调整计算这些设置。
- 伸缩：相对于现有音频缩短或延长处理的音频。例如，要将音频缩短为其当前持续时间的一半，应将伸缩值指定为 50%。
- 变调：上调或下调音频的音调。每个半音阶等于键盘上的一个半音。

（3）在"伸缩与变调"栏设置"变调"为-5 半音阶，如图 3-115 所示。

（4）在对话框中单击"预览播放/停止"按钮，试听效果，如果效果不符合要求，再次更改变调，调整完毕后，单击"应用"按钮，应用效果。

图 3-114　"效果–伸缩与变调"对话框　　图 3-115　设置参数

十、生成

选取音频，单击"效果"|"生成"命令，或在效果组面板对应的轨道上单击 ▶ 按钮，在打开的菜单中选择"生成"命令，打开"生成"菜单，添加生成效果，包括"噪声"、"语音"和"音调"，如图 3-116 所示。

图 3-116　"生成"菜单

- 噪声：可生成各种颜色的随机噪声。
- 语音：在波形视图或多轨视图中生成语音。粘贴或键入文本，可生成真实的画外音或旁白轨道。
- 音调：使用几个与振幅和频率相关的设置创建简单的波形。生成的音调是音响效果的极好起始点。

十一、其他效果

- 反相：改变信号的极性（相位），不会产生声音差异。
- 反向：倒转音频的选定部分。
- 静音：将音量设置为 $-\infty$ dB。
- 匹配响度：能够在不同的音频片段之间对电平进行匹配。

项目总结

项目实战

实战一　去除音频中的杂音

（1）在文件面板中双击打开一段音频文件或直接录制一段音频文件，如图 3-117 所示。

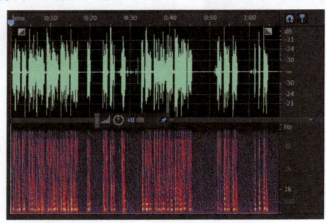

图 3-117　音频文件

（2）执行"效果"|"振幅与压限"|"动态"命令，打开如图 3-118 所示"效果-动态"对话框。

（3）勾选"自动门"，根据实际音频数据更改阈值、攻击、释放和定格数值，如图 3-119 所示。

图 3-118　"效果-动态"对话框

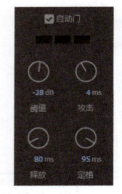

图 3-119　设置参数

（4）在对话框中单击"预览播放/停止"按钮▶，试听效果，如果效果不符合要求，再次调整参数，调整完毕后，单击"应用"按钮，应用效果。

实战二　提取人声

（1）在文件面板中双击打开一段歌曲文件，如图 3-120 所示。

（2）执行"效果"|"立体声声像"|"中置声道提取器"命令，打开"效果-中置声道提取"对话框。

（3）在对话框中设置"预设"为提高人声 10dB，拖动侧边声道电平滑块，使其位于−30～−40dB 之间，如图 3-121 所示，单击"应用"按钮，应用中置声道提取效果，如图 3-122 所示。

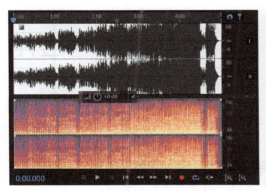

图 3-120　歌曲文件

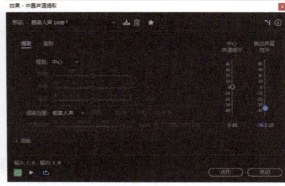

图 3-121　设置参数

（4）将前奏和后面的伴奏进行淡入和淡出处理，如图 3-123 所示。

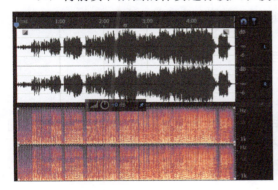

图 3-122　应用效果

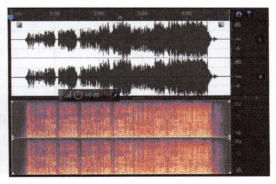

图 3-123　淡入和淡出处理

项目四

动画技术与应用

思政目标

➢ 充分发挥创造力,主动拓宽自己的视野,避免思维局限性。
➢ 引导学生制订计划,树立远大理想,为理想而努力奋斗。

技能目标

➢ 熟悉 Animate 工作界面、图层、实例、元件以及库。
➢ 能够进行动画制作。
➢ 能够将制作好的动画发布与输出。

项目导读

　　Animate 是一款二维动画制作软件,它主要用来设计交互式矢量图和位图动画,并在制作完成后支持快速发布到多个平台。Animate 适用范围十分广泛,能够设计游戏、电视节目和 Web 交互式动画,让卡通和广告栩栩如生。

任务 1　动画基础

任务引入

　　为了让课件更加生动形象,小李需要在课件中插入一些自己制作的小动画,因此需要对动画有所了解。那么,动画有哪些分类?常见的动画又有哪些格式呢?

知识准备

　　动画是一门综合艺术,是集合绘画、涂鸦、电影、数字媒体、摄影、音乐、文学等众多艺术门类而形成的艺术表现形式。动画通过特殊的技术方法处理,赋予无生命的东西以生命，使之能像生物一样活得。通俗地讲，动画就是动起来的画。

动画较规范的定义是采用逐帧拍摄对象并连续播放而形成运动的影像技术。不论拍摄对象是什么，只要它的拍摄方式是逐格方式，观看时连续播放形成了活动影像，它就是动画。

动画通过把人物的表情、动作、变化等分解后画成许多动作瞬间的画幅，再用摄影机连续拍摄成一系列画面，在视觉上呈现连续变化的图画。它的基本原理与电影、电视一样，都是视觉暂留原理。

一、动画分类

目前，动画可以按照制作方式、视觉效果、题材类型、受众年龄、播放效果等方式分类。

这里主要介绍根据制作方式来进行分类，主要分为传统动画、矢量动画（2D 动画）、三维动画、MG（Motion Graphic）、定格动画、虚拟现实动画等。

1. 传统动画

利用人眼的视觉暂留现象，将一张张逐渐变化的静止画面，经过摄像机逐张逐帧地拍摄编辑，再通过电视的播放系统，使之在屏幕上活动起来。

动画师需要手绘每一帧图画。通常是每秒 12 帧，对于快速的动作，需要做到每秒 24 帧。

2. 矢量动画

矢量动画常用 Animate 制作，Animate 可以建立绑定系统，通过绑定控制角色的动作，而不必一帧帧地绘制，从而大大提高了设计效率。这种动画具有简单明快、富有装饰感、文件小、易于传播等特点。

3. 三维动画

又叫电脑动画，其表现力更强、更真实。三维动画采用三维软件制作，如 Maya 软件可以控制角色身体各部位的运动，当调整到需要的姿势时添加关键帧，通过不断调整姿势加关键帧，最终形成一个完整的动画。

4. Motion Graphic（动态影像设计）

简写为 MG，主要用于商业用途，如电影电视片头、商业广告、MV、现场舞台屏幕、互动装置等。它是介于平面设计与动画之间的一种产物，动态图形在视觉表现上使用的是基于平面设计的规则，在技术上使用的是动画制作手段。平面设计属于静帧效果表现，是设计视觉的表现形式，而 MG 则是叙事性的运用图像来为内容服务。

5. 定格动画

它是一种很特别的动画，结合了真实的拍摄技巧和动画原理。它通过逐格地拍摄对象然后使之连续放映，从而产生仿佛活了一般的人物或角色。定格动画类似传统动画的逐帧完成，两者的区别在于定格动画需要真实物体来表现。

6. 虚拟现实动画

虚拟现实（Virtual Reality，简称 VR）是近年来出现的新技术，也称灵境技术或人工环境。

虚拟现实动画是指用虚拟现实技术以动画的形式表现出来。虚拟现实技术利用电脑模拟产生一个三维空间的虚拟世界，提供使用者关于视觉、听觉、触觉等感官的模拟，让使用者如同身临其境一般，可以及时、没有限制地观察三维空间内的事物。

二、常见的动画格式

1. GIF

GIF 是一种基于 LZW 算法的连续色调的无损压缩格式，其压缩率一般为 50%左右，文件尺寸较小，且不属于任何应用程序，目前已被广泛应用。GIF 动画格式可以同时存储若干幅静止图像并进而形成连续的动画。

2. SWF

SWF 是动画设计软件 Animate 的专用格式，是一种支持矢量和点阵图形的动画文件格式，这种格式的动画在缩放时不会失真，非常适合描述由几何图形组成的动画。由于这种格式的动画可以与 HTML 文件充分结合，因此被广泛应用于网页设计、动画制作等领域。

3. FLIC（FLI/FLC）

FLI/FLC 是 Autodesk 公司出品的 2D、3D 动画制作软件中采用的彩色动画文件格式，FLIC 是 FLI 和 FLC 的统称。其中，FLI 是最初的基于 320×200 分辨率的动画文件格式且仅支持 256 色的调色板，而 FLC 是 FLI 的扩展格式，采用了更高效的数据压缩技术，其分辨率也不再局限于 320×200 分辨率。

FLIC 文件采用行程编码算法和 Delta 算法进行无损数据压缩，首先压缩并保存整个动画序列中的第一幅图像，然后逐帧计算前后两幅相邻图像的差异或改变部分，并对这部分数据进行行程编码压缩，得到相当高的数据压缩率。它被广泛用于动画图形中的动画序列、计算机辅助设计和计算机游戏应用程序中。

任务 2　Animate 2022 基础

任务引入

小李选择用 Animate 软件制作动画，要想熟练地使用 Animate 软件，必须先了解该软件的工作界面，只有对界面有了宏观的认识，才能更好更快地制作动画。Animate 的工作界面包含哪些组成部分？元件、实例与库之间有什么关系呢？

知识准备

一、Animate 工作界面

启动 Animate 2022 后，执行"文件"|"新建"命令，在弹出的"新建文档"对话框中选择"ActionScript 3.0"，如图 4-1 所示，然后单击"创建"按钮，即可进入 Animate 2022 中文版的工作界面，如图 4-2 所示。

项目四
动画技术与应用

图 4-1 "新建文档"对话框

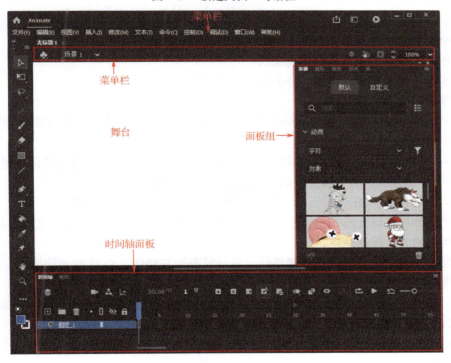

图 4-2 Animate 2022 工作界面

(一) 菜单栏

标题栏的下方是菜单栏,如图 4-3 所示。菜单是应用程序中最基本、最重要的部件之一,绝大部分的功能都可以使用菜单实现。

113

多媒体技术与应用

图 4-3　菜单栏

1. "文件" 菜单

"文件" 菜单包括文件处理、参数设置、输入和输出文件、发布、打印等功能，如图 4-4 所示。

- 新建：创建一个新的 Animate 文档。
- 从模板新建：从已创建好的模板创建一个新的 Animate 文档。
- 打开：打开一个已有的 Animate 项目。
- 在 Bridge 中浏览：从已创建的站点中选择一个 Animate 文件，并打开。
- 打开最近的文件：打开最近使用过的 Animate 文件。
- 关闭：关闭当前文件。
- 全部关闭：关闭所有打开的文件。
- 保存：保存当前文件。
- 另存为：可命名一个新的文件或者重新命名一个已有的文件。
- 另存为模板：将当前文件保存为模板。

图 4-4　"文件" 菜单

- 全部保存：保存当前在 Animate 中打开的所有文件。
- 还原：还原到上次保存过的文件。
- 导入：导入声音、位图、QuickTime 视频和其他文件。
- 导出：分为 4 种导出。
  - ✓ 导出影片：将当前 Animate 项目导出为 SWF 影片、JPEG 序列、GIF 序列或 PNG 序列。
  - ✓ 导出图像：打开 "导出图像" 对话框，对图像格式和属性进行优化设置并导出。
  - ✓ 导出视频：将当前文件的全部或部分导出为 MOV 视频。
  - ✓ 导出动画 GIF：将当前文件导出为具有动画效果的 GIF 图像。
- 转换为：将现有的 FLA 项目直接转换成 HTML5 Canvas 或 WebGL 文档，并指定转换后的文件保存路径。
- 发布设置：调整设置，以便将动画项目发布为 HTML、SVG 或其他格式。
- 发布：发布动画作品。
- AIR 设置：配置 AIR 程序文件。在 AIR 程序配置完成后，软件会自动启动 Adobe CONNECTNOW 程序，把注册地址发送给对方。
- ActionScript 设置：设置 ActionScript 高级选项，如文档类路径、库路径、配置常数等。
- 退出：关闭程序。

注意：用 "保存" 和 "另存为…" 保存的.fla 文件只是用户作品的源文件，而用 "导出影片" 输出的.swf 文件才是最后的影片。作品也可用 "发布" 输出，不过要首先设置 "发布设置"。

2. "编辑"菜单

"编辑"菜单中的选项将帮助用户处理文件,如图4-5所示。

- 撤消:撤消上一次的操作。
- 重做:恢复刚刚撤消的操作。
- 剪切:剪切所选的内容并将它放入剪贴板。
- 复制:复制所选的内容并将它放入剪贴板。
- 粘贴到中心位置:将当前剪贴板中的内容粘贴到舞台中心位置。
- 粘贴到当前位置:将剪贴板中的内容粘贴到当前复制或剪切的位置。
- 选择性粘贴:设置将剪贴板中的内容插入文档中的方式。
- 清除:删除舞台上所选的内容。
- 直接复制:创建舞台中所选内容的副本。
- 全选:选择舞台中的所有内容。
- 取消全选:取消对舞台中所选内容的选择。
- 反转选区:反向选择当前在舞台上选中的对象或形状。
- 查找和替换:对文档中的文本、图形、颜色等对象进行查找和替换操作。
- 查找下一个:查找相关的下一个对象。
- 时间轴:对帧进行复制、剪切、删除、移动等操作。
- 编辑元件:切换到元件编辑模式,以便编辑元件的舞台和时间轴。
- 编辑所选项目:将所选的元件放入元件编辑模式。
- 在当前位置编辑:在当前位置对所选内容进行编辑。
- 首选参数:对操作的环境进行参数选择。
- 字体映射:对字体进行映射操作。
- 快捷键:设置常用的快捷键。

图4-5 "编辑"菜单

3. "视图"菜单

"视图"菜单中的选项用于控制屏幕的各种显示效果,它可以控制文件的外观,如图4-6所示。

- 转到:选择该选项,将弹出一个可导航到影片中的任意场景的子菜单。
- 放大:将舞台进行放大。
- 缩小:将舞台进行缩小。
- 缩放比率:对舞台进行相应比率的缩放。
- 预览模式:包括以下几项。
  - ✓ "整个":使舞台和工作区域中的所有对象可见。
  - ✓ "轮廓":将所有的舞台对象转化为无填充的轮廓,以便快速重绘。
  - ✓ "高速显示":关闭消锯齿功能,以便快速重绘对象。
  - ✓ "消除锯齿":对除文本以外的所有对象的边缘进行平滑处理。
  - ✓ "消除文字锯齿":为包括文本在内的全部舞台对象使用消锯齿功能。
- 标尺:显示或隐藏水平和垂直标尺。

图4-6 "视图"菜单

> 网格：显示或隐藏网格。
> 辅助线：显示、锁定或编辑辅助线。
> 贴紧：将各个元素彼此自动对齐。包括以下几个选项。
  ✓ 贴紧对齐：按照指定的贴紧方式对齐容差、对象与其他对象之间或对象与舞台边缘之间的预设边界对齐对象。
  ✓ 贴紧至网格：使用网格精确定位或对齐文档中的对象。
  ✓ 贴紧至辅助线：使用辅助线精确定位或对齐文档中的对象。
  ✓ 贴紧至像素：在舞台上将对象直接与单独的像素贴紧。
  ✓ 贴紧至对象：将对象沿着其他对象的边缘直接与它们贴紧。
  ✓ 将位图贴紧至像素：将舞台上的位图直接与像素贴紧。
  ✓ 编辑贴紧方式：编辑以上各种贴紧方式的参数。
> 隐藏边缘：显示或隐藏项目边缘。
> 显示形状提示：显示对象上的形状提示。
> 显示 Tab 键顺序：显示或隐藏各对象的 Tab 键顺序。
> 屏幕模式：切换屏幕布局方式。

4. "插入"菜单

主要用来创建元件、图层、关键帧和舞台场景等内容，如图 4-7 所示。

> 新建元件：创建一个新的空白元件。
> 创建传统补间：一种作用于关键帧的补间动画形式。传统补间与补间动画类似，但在某种程度上，其创建过程更为复杂，也不那么灵活。不过，传统补间所具有的某些类型的动画控制功能是补间动画所不具备的。

图 4-7 "插入"菜单

> 创建补间动画：基于对象的动画形式。与传统补间动画相比，功能强大且易于创建。这种动画形式可对补间的动画进行最大程度地控制。补间动画提供了更多的补间控制，而传统补间仅提供了一些用户可能希望使用的特定功能。
> 创建补间形状：创建从一个关键帧到下一个关键帧的外形渐变动画。
> 时间轴：包含对图层和帧的一些操作。
  ✓ 图层：在时间轴的当前层之上创建一个新的空白层。
  ✓ 图层文件夹：在所选图层之上创建一个图层文件夹。
  ✓ 帧：在所选帧的右边创建一个新的帧。
  ✓ 关键帧：将时间轴上所选的帧转换为关键帧，它包含与该层中的最后一个关键帧相同的内容。
  ✓ 空白关键帧：将时间轴上的所选帧转换为空白关键帧。
> 场景：在文件中插入新的舞台场景。

5. "修改"菜单

使用"修改"菜单可以设置对象的各种属性，如图 4-8 所示。

> 文档：打开"文档设置"对话框，在其中配置所选文档的属性。

图 4-8 "修改"菜单

- 转换为元件：将选择的对象转换为元件。
- 转换为位图：将矢量图形转换为位图。
- 分离：将选择的对象打散。
- 将元件分离为图层：将打散后的对象转换为图层。
- 位图：将所选的位图转换为一个矢量图，或交换位图。
- 元件：对元件进行复制或交换操作。
- 形状：对元件的形状进行修改。
- 合并对象：对选中的多个对象进行联合、交集、打孔、裁切或封套操作。
- 时间轴：对时间轴上的层属性和帧属性进行设置。
- 变形：用于改变、编辑和修整所选对象或形状。
- 排列：用于改变对象的叠放顺序或者锁定和解锁对象。
- 对齐：对齐选中的多个对象。
- 组合：将所选的对象进行组合，形成一个整体。
- 取消组合：取消对所选对象的组合。

6. "文本"菜单

包括"字体"、"大小"、"样式"和"对齐"等，都是读者早已熟悉的操作，这里不做介绍。

7. "命令"菜单

包括"管理保存的命令"、"获取更多命令"和"运行命令"等内容。

8. "控制"菜单

"控制"菜单可用来控制对影片的操作。

9. "调试"菜单

用来对影片代码进行测试和调试。

10. "窗口"菜单

通过"窗口"菜单可获得 Animate 中的各种工具栏和浮动面板，使它们显示在用户的工作界面上。

11. "帮助"菜单

可以用作学习指南。

（二）编辑栏

编辑栏位于舞台顶部，包含编辑场景和元件的常用命令，如图 4-9 所示。

图 4-9　编辑栏

各个按钮图标的功能如下。

- 切换场景：单击该按钮，在弹出的下拉列表中显示当前文档中的所有场景名称。选中一个场景名称，即可进入对应的场景。

> 编辑元件：单击该按钮，将弹出当前文档中的所有元件列表，选中一个元件，即可进入对应元件的编辑窗口。
> 舞台居中：滚动舞台以聚集到特定舞台位置后，单击该按钮，可以快速定位到舞台中心。
> 剪切掉舞台范围以外的内容：将舞台范围以外的内容裁切掉。
> 舞台缩放比例：用于设置舞台缩放的比例。舞台上的最小缩小比率为 8%；最大放大比率为2000%。选择"符合窗口大小"，则缩放舞台以完全适应程序窗口大小；"显示帧"表示显示整个舞台；"显示全部"用于显示当前帧的内容，如果场景为空，则显示整个舞台。

（三）面板组

在 Animate 工作界面的右侧停靠着许多浮动面板，并且自动对齐。这些面板可以被自由地拖动，也可以被组合在一起，成为一个选项卡组，以扩充文档窗口。

Animate 的浮动面板有很多种，同时显示出来会使工作界面凌乱不堪，用户可以根据实际工作需要，在"窗口"菜单的下拉列表中单击相应的面板，打开或者关闭指定的面板。单击面板顶部的"折叠为图标"按钮 ◀◀ 或"展开面板"按钮 ▶▶，可以将面板伸缩成单列/多列或面板，还可以缩为精美的图标。

还可以调整面板的位置和尺寸。例如，通过鼠标拖动工具面板，可以改变它在窗口中的位置。将工具面板拖放到工作区之后，通过拖曳工具面板的左、右侧边或底边，可以调整工具面板的尺寸。

1. 属性面板

不同的舞台对象有不同的属性，修改对象的属性可通过属性面板完成。属性面板的设置项目会根据对象的不同而变化，如图 4-10 所示为选中舞台上的位图时对应的属性面板。

2. 工具面板

使用 Animate 进行动画创作时，首先要绘制各种图形和对象，这就要用到各种绘图工具。Animate 的工具面板作为浮动面板以图标形式停靠在工作区左侧，单击工作区左侧的"工具"图标 ✂，或执行"窗口"|"工具"命令，即可展开工具面板，如图 4-11 所示。

图 4-10　属性面板

图 4-11　工具面板

工具面板中包含 20 多种工具，单击其中的工具按钮，即可选中对应的工具。使用这些工具可以对图像或选区进行操作。

3. 其他浮动面板

浮动面板的一个好处是可以节省屏幕空间。用户可以根据需要显示或隐藏浮动面板，其他浮动面板的功能简要介绍如下。

- 库：管理动画资源，如元件、位图、声音、字体等。
- 画笔库：管理 Animate 文档中的预设画笔和自定义画笔。
- 动画预设：包含 Animate 预设的补间动画，在需要经常使用相似类型的补间动画的情况下，可以极大地节约项目设计和开发的生产时间。用户还可以导入他人制作的预设，或将自己制作的预设导出，与协作人员共享。
- 帧选择器：可以直观地预览并选择图形元件的第一帧，设置图形元件的循环选项。通过选中"创建关键帧"复选框，可以在帧选择器面板中选择帧时自动创建关键帧。
- 动作：通过编写 ActionScript 代码创建交互式内容。
- 代码片断：收集一些非常有用的小代码并进行分类，以便在动作面板中反复使用。
- 编译器错误：显示 Animate 在编译或执行 ActionScript 代码期间遇到的错误，并能快速定位到导致错误的代码行。
- 调试面板：用于在测试环境下打开调试控制台对本地的影片文件进行调试，并导出带有调试信息的 SWF 文件（SWD 文件）。SWD 文件用于调试 ActionScript，并包含允许使用断点和跟踪代码的信息。
- 输出：用于测试 Animate 文件时显示相应信息，以帮助用户排除文件中的故障。
- 对齐：用于控制舞台上多个对象的排列方式，如对齐、分布、间隔、匹配大小。
- 颜色：用于选择颜色模式和合适的调配颜色。
- 信息：显示当前选中对象的尺寸、坐标位置，以及当前鼠标指针的坐标和所在位置的颜色值。
- 样本：用于拾取颜色和创建新的色板。
- 变形：集中缩放、旋转、倾斜、翻转等变形命令，可以精确地对选中对象进行变形。
- 组件：用于在 Animate 文档中添加 Animate 预置的组件。
- 历史记录：显示自创建或打开某个文档以来在该活动文档中执行的步骤的列表。
- 场景：对 Animate 文档中的场景进行管理。
- 图层深度：更改 Animate 文档中高级图层的深度，创建深度感。

（四）时间轴面板

Animate 的时间轴面板默认位于舞台下方，是处理帧和层的地方，而帧和层是动画的主要组成部分。选择一个层，然后在舞台上绘制内容或者将内容导入到舞台上时，该内容将成为这个层的一部分。时间轴上的帧可根据时间改变内容。舞台上出现的每一帧的内容是该时间点上出现在各层上的所有内容的反映。可以移动、添加、改变和删除不同帧在各层上的内容以创建运动和动画。在时间轴上使用多层层叠技术可将不同内容放置在不同层，从而创建一种有层次感的动画效果。

时间轴窗口分为两大部分：图层面板和时间轴控制区，如图 4-12 所示。

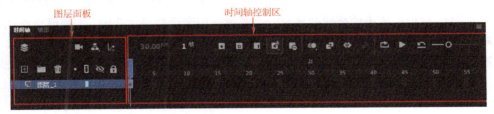

图 4-12　时间轴窗口

1. 图层面板

时间轴窗口的左边区域是图层面板的控制区，用来进行与图层有关的操作。它按顺序显示了当前正在编辑的文件的所有层的名称、类型、状态等。图层面板上各个工具按钮的功能如下。

- 显示/隐藏：用来切换选定层的显示或隐藏状态。
- 锁定/解锁：用来切换选定层的锁定或解锁状态。
- 显示/隐藏轮廓：用来切换选定层轮廓的显示或隐藏状态。
- 新建图层：增加一个新图层。新建一个 Animate 文档时，文件默认的图层数为 1。尽管用一个图层也可以制作动画，但是在 Animate 中，同一时间一个图层只能设置一个动画，所以制作较复杂的动画时，就需要多个图层了。
- 新建文件夹：增加一个新的文件夹。文件夹主要用来分类管理图层。
- 删除层：删除选定层。删除图层的同时，该图层上的所有对象也会被一并删除。
- 添加摄像头：添加虚拟摄像头，模拟摄像头移动和镜头切换效果。
- 图层深度：可以打开图层深度面板，在 Z 深度级别排列图层。
- 显示图层：用来切换仅查看现有图层和所有图层。
- 显示/隐藏父级视图：用来切换选定层父级视图的显示或隐藏状态。

2. 时间轴控制区

时间轴面板的右边区域是时间轴控制区，用于控制当前帧、执行帧操作、创建动画、设置帧的显示方式等。底部的状态栏用于显示当前帧编号、当前动画设置的帧速率以及动画播放时间。时间轴控制区中各个工具按钮的功能如下。

- 插入关键帧：单击此按钮，在时间轴上添加关键帧，用实心圆点表示。关键帧是动画中具有关键内容的帧，或者说是能改变内容的帧。关键帧的作用在于能够使对象在动画中产生变化。
- 插入空白关键帧：单击此按钮，在时间轴上添加空白关键帧，用空心圆点表示。插入一个空白关键帧时，它可以将前一个关键帧的内容清除掉，画面的内容变成空白，其目的是使动画中的对象消失。在一个空白关键帧中加入对象以后，空白关键帧就会变成关键帧。
- 插入帧：单击此按钮，在时间轴上添加一个普通帧。
- 删除帧：选取关键帧或空白关键帧，单击此按钮，将其删除。
- 播放控件：用于调试或预览动画效果。
- 循环：循环播放当前选中的帧范围。如果没有选中帧，则循环播放当前整个动画。
- 绘图纸外观：在时间轴上选择一个连续的区域，将该区域中包含的帧全部显示在窗口中。
- 编辑多个帧：在时间轴上选择一个连续区域，该区域内的帧可以同时显示和编辑。
- 修改标记：单击该按钮会显示一个菜单，用来选择显示 2 帧、5 帧或全部帧。
- 将时间轴缩放重设为默认级别：将缩放后的时间轴调整为默认级别。
- （调整时间轴视图大小）：单击右侧的，可以在视图中显示较少帧；拖动滑块，可以动态地调整视图中可显示的帧数。

案例——闪烁的五角星

（1）执行"文件"|"新建"命令，打开"新建文档"对话框，在详细信息栏中设置宽为365，高为435，帧速率为12，平台类型为 ActionScript 3.0，单击"创建"按钮，新建一个舞台大小为365像素×435像素，帧频为12fps 的 Animate 文档（ActionScript 3.0）。

（2）双击当前图层名称栏，将图层重命名为"背景"。执行"文件"|"导入"|"导入到舞台"命令，导入一幅背景图像。

（3）选中图像，执行"窗口"|"信息"命令，打开信息面板，设置图像的大小和位置，如图 4-13 所示。使图像大小与舞台大小相同，且图像左上角与舞台左上角对齐。

（4）单击图层面板中的"新建图层"按钮，新建一个图层，重命名为"星"。然后在工具面板中单击"线条工具"按钮，在属性面板中按照图 4-14 所示设置线条的笔触属性，在舞台上绘制一条水平直线。

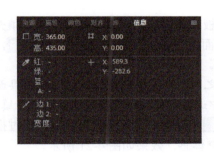

图 4-13　设置图像大小与位置　　　　图 4-14　设置线条的笔触属性

（5）选中绘制的线条，执行"窗口"|"变形"命令，打开变形面板。设置旋转角度为36°，然后连续单击"重制选区并变形"按钮 4 次，如图 4-15 所示。此时的舞台效果如图 4-16 所示。

图 4-15　设置变形参数　　　　图 4-16　变形后的效果

(6) 在工具面板中单击"选择工具"按钮▶,按住"Shift"键选中形成夹角的两条相邻线条,拖动线条位置,形成五角星形,如图 4-17 所示。

(7) 在工具面板中单击"线条工具"按钮╱,在属性面板上设置笔触颜色为黄色,笔触大小为 1,在五角星形内部绘制从中心点到各个角的线条,效果如图 4-18 所示。

图 4-17 五角星形效果

图 4-18 绘制星形内部线条

(8) 执行"窗口"|"颜色"命令,打开颜色面板。设置颜色类型为线性渐变,填充色为黄色到红色的渐变,如图 4-19 所示。然后在工具面板中单击"颜料桶工具"按钮◆,在星形的各个封闭区域单击进行填充,如图 4-20 所示。

提示: 如果某些区域不能填充,则可能是端点之间的连接存在空隙。可以在工具面板底部单击"间隔大小"按钮□,在弹出的下拉菜单中选择要封闭的空隙大小,再进行填充。

(9) 在工具面板中选择"渐变变形工具"按钮■,分别单击各个填充区域,通过拖动渐变框上的手柄调整渐变范围和方向,使星形更具立体感,效果如图 4-21 所示。

图 4-19 设置填充样式

图 4-20 填充效果

图 4-21 调整星形的渐变效果

(10) 单击第 2 帧,单击时间轴面板中的"插入关键帧"按钮■,插入关键帧,如图 4-22 所示。然后选中星形,执行"修改"|"变形"|"缩放和旋转"命令,设置缩放比例为 80%,如图 4-23 所示。

(11) 重复上一步的操作,依次在第 3 帧到第 10 帧插入关键帧,并分别缩放舞台上的图形。此时，单击时间轴面板中的"绘图纸外观"按钮，可以看到图形的变化过程，如图 4-24 所示。

图 4-22　插入关键帧　　　　图 4-23　设置缩放比例　　　图 4-24　图形的变化过程

（12）选中第 9 帧，单击鼠标右键，在弹出的快捷菜单中选择"复制帧"命令；然后选中第 11 帧，单击鼠标右键，在弹出的快捷菜单中选择"粘贴帧"命令。采用同样的方法，依次将第 8～1 帧复制粘贴到第 12～19 帧。

（13）按下"Shift"键单击第 11 帧和第 19 帧，当鼠标指针显示为 时，按下鼠标左键向右拖动一帧，释放鼠标左键，即可移动选中的帧，此时第 11 帧变为普通帧，如图 4-25 所示。

图 4-25　移动帧的效果

（14）单击"背景"图层的第 20 帧，单击时间轴面板中的"插入关键帧"按钮，将背景图像扩展到第 20 帧。

（15）按下"Ctrl+Enter"键测试动画效果，如图 4-26 所示。然后执行"文件"|"保存"命令保存文件。

图 4-26　测试动画效果

（五）动画舞台

舞台是一个矩形区域，相当于实际表演中的舞台，可以在其中绘制和放置影片内容。

任何时间看到的舞台仅显示当前帧的内容。

舞台的默认颜色为白色，可用作影片的背景。在最终影片中的任何区域都可看见该背景，可以将位图导入 Animate，然后将它放置在舞台的底层，这样它可覆盖舞台，作为背景。

舞台周围的深灰色区域称为粘贴板，通常用作动画的开始和结束点，即对象进入和离开影片的地方。

二、图层

图层可以理解为摆放在舞台上的一系列透明的"画布"，在"画布"上用户可以随意摆放想要的内容，这些内容之间是相互独立的。每个层的显示方式与其他层的关系非常重要，这是因为各层中的对象是叠加在一起的，最上面的层是影片的前景，最下面的层是影片的背景，被遮挡住的部分不可见。

（一）图层的基本操作

1. 创建图层

新建一个 Animate 文件后，文件默认的图层数为 1。为了改变图层数，需要创建新的图层。

创建一个新图层有以下 3 种方法。

（1）使用"插入"|"时间轴"|"图层"命令。

（2）单击图层面板中的"新建图层"按钮 ᐩ。

（3）右键单击图层面板中的任意一层，在弹出的右键菜单中选择"插入图层"命令。

2. 重命名图层

新建一个图层后，Animate 将按序号自动为不同的层分配不同的名字，如图层_1、图层_2 等。尽管用户可能不需要为层起不同的名字，但是笔者仍然建议读者在创建图层时，依照图层之间的关系或内容重命名图层，以便日后对图层中的对象进行组织、管理。

重命名图层可选用以下两种方法之一。

➢ 右击要重命名的图层，选择"属性"命令，在弹出的"图层属性"对话框中的"名称"文本框中输入图层名称，如图 4-27 所示，单击"确定"按钮。

➢ 双击图层名称，当图层名称变为可编辑状态时（如图 4-28 所示）输入一个新的名称，输入完毕，按"Enter"键，或单击其他空白区域。

图 4-27 "图层属性"对话框

图 4-28 更改图层名称

3. 复制图层

在 Animate 中，可以同时选中一个场景的所有层，将它们粘贴到其他任何位置以复制场景。

选择要复制的层，右击，在弹出的快捷菜单中选择"复制图层"命令，直接复制图层，如图 4-29 所示。

图 4-29　复制图层

选择要复制的层，右击，在弹出的快捷菜单中选择"拷贝图层"命令，然后在图层上右击，在弹出的快捷菜单中选择"粘贴图层"命令，复制图层。

（二）引导层

引导层的作用是引导与它相关联图层中对象的运动轨迹或定位。在引导层中，可以打开显示网格的功能、创建图形或其他对象，在绘制轨迹时起到辅助作用，还可以把多个图层关联到一个图层上。

引导层只在舞台上可见，在输出的影片中不会显示。也就是说，在最终影片中不会显示引导层的内容。只要合适，可以在一个场景或影片中使用多个引导层。

1. 普通引导层

普通引导层只能起到辅助绘图和绘图定位的作用。创建普通引导层的步骤如下。

（1）单击图层面板中的"新建图层"按钮，创建一个普通图层。

（2）将鼠标移动到该图层上，然后右击，在弹出的快捷菜单中选择"引导层"命令。此时，图层名称左侧显示图标。

2. 运动引导层

实际创作的动画中会包含许多直线运动和曲线运动，在 Animate 中建立直线运动是一件很容易的事，而建立一个曲线运动或沿一条路径运动的动画则需要使用运动引导层。

默认情况下，任何一个新生成的运动引导层会自动放置在被引导层的上面。用户可以像操作标准图层一样重新安排它的位置，然而任何与它连接的层都将随之移动，以保持它们之间的位置关系。

若要建立一个运动引导层，可以执行如下操作。

（1）单击要建立运动引导层的图层，使之突出显示。

（2）在该图层的名称处右击，从弹出的快捷菜单中选择"添加传统运动引导层"命令，此时就会创建一个引导层，并与刚才选中的图层关联起来，如图 4-30 所示。

图 4-30　创建运动引导层

可以看到，运动引导层的名称左侧显示引导图标；被引导层的名字向右缩进，表示它是被引导层。

若要使其他的图层与运动引导层建立连接，可执行如下操作。

（1）选择欲与运动引导层建立连接的标准图层，然后按下鼠标左键拖动，此时图层底部显示一条黑色的线，表明该图层相对于其他图层的位置。

（2）拖动该图层，直到标识位置的黑色粗线出现在运动引导层的下方，然后释放鼠标。这一图层即可连接到运动引导层上，如图 4-31 所示。

图 4-31　将图层与运动引导层建立连接

若要取消与运动引导层的连接关系，可执行如下操作。

（1）选择要取消与运动引导层连接关系的图层，然后按下鼠标左键拖动。

（2）拖动图层，直到标记位置的黑线出现在运动引导层的上方或其他标准图层的下方，然后释放鼠标。

提示：运动引导层可以具有标准图层的任何模式，因此，可以隐藏或锁定引导层。

（三）遮罩层

在遮罩层中，绘制的一般是单色图形、渐变图形、线条和文字等，都会挖空区域。这些挖空区域将完全透明，其他区域则完全不透明。利用遮罩层的这个特性，可以制作出一些特殊效果，如图像的动态切换、探照灯和图像文字等。

透过遮罩层内的图形，可以看到下面图层的内容；透过遮罩层内的无图形区域，不能看到下面图层的内容。

与遮罩层连接的标准图层称为被遮罩层，其中的内容只能通过遮罩层上具有实心对象的区域显示。遮罩层可以有多个被遮罩层，被遮罩层位于遮罩层的下方，且向右缩进。

将遮罩层上的对象做成动画，可以创建移动的遮罩层。

1. 创建遮罩层

在要转化为遮罩层的图层上单击鼠标右键，在弹出的快捷菜单上选择"遮罩层"命令。

图 4-32　创建图层_2 为遮罩层

此时，遮罩层名称（图层_2）左侧显示遮罩图标■；被遮罩层的名称（图层_1）左侧显示■，且向右缩进，如图 4-32 所示。

注意：创建遮罩层后，Animate 会自动锁定遮罩层和被遮罩层。如果需要编辑遮罩层，则必须先解锁，再编辑。但是解锁后就不会显示遮罩效果，如果需要显示遮罩效果，则必须再次锁定图层。

2. 编辑遮罩层

若要将其他图层连接到遮罩层，可执行如下操作。

（1）选中要与遮罩层建立连接的标准图层。

（2）拖动图层，直到在遮罩层的下方出现一条用来表示该层位置的黑线，然后释放鼠标。此图层现在已经与遮罩层连接，如图 4-33 所示。

图 4-33　图层与遮罩层建立连接

若要编辑被遮罩层上的对象,可执行如下操作。

(1)单击需要编辑的被遮罩层,它将突出显示。

(2)单击该层上的锁定按钮🔒解除锁定。现在可以编辑该层的内容了。

(3)完成编辑后,在该层上单击鼠标右键,从弹出的快捷菜单中选择"显示遮罩"命令,重建遮罩效果。

提示:编辑被遮罩层的内容时,遮罩层有时会影响操作。为了防止误编辑,可以隐藏遮罩层。

3. 取消遮罩层

如果要取消遮罩效果,必须中断遮罩连接。中断遮罩连接的操作方法有如下 3 种。

(1)在图层面板中,将被遮罩的图层拖动到遮罩图层的上方。

(2)双击遮罩图层,在弹出的"图层属性"对话框中选中"一般"单选按钮。

(3)将鼠标移动到遮罩图层的名称处,然后右击鼠标,在弹出的快捷菜单中取消"遮罩层"命令。

案例——艺术相框

(1)执行"文件"|"新建"命令,新建一个 Animate 文档。

(2)执行"文件"|"导入"|"导入到舞台"命令,在弹出的对话框中选择一幅人物图片,如图 4-34 所示。

(3)在图层面板中单击"新建图层"按钮,新建一个图层。在工具面板中单击"椭圆工具"按钮。在属性面板上设置笔触颜色为绿色,笔触大小为 15,填充颜色为白色,如图 4-5 所示,然后在舞台上绘制一个椭圆,如图 4-35 所示。

图 4-34 导入的位图

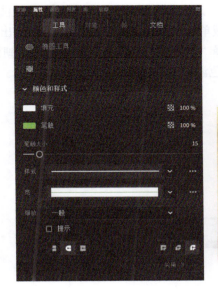

图 4-35 绘制椭圆

（4）右击"图层_2"的名称栏，在弹出的快捷菜单中选择"遮罩层"命令。此时，两个图层均会锁定，名称左侧会显示遮罩和被遮罩图标，且被遮罩层"图层_1"向右缩进，如图4-36所示。舞台上的遮罩效果如图4-37所示。从图4-37可以看出，只有椭圆的填充区域与位图相交的部分能显示出来，位图的其他部分不显示。

图4-36　图层面板　　　　　　　　　　图4-37　遮罩效果

（5）选中遮罩层，单击图层面板中的"新建图层"按钮，在遮罩层之上创建一个新图层。

（6）解除遮罩层的锁定状态，右击遮罩层中的关键帧，在弹出的快捷菜单中选择"复制帧"命令。然后锁定遮罩层。

（7）右击新建图层第1帧，在弹出的快捷菜单中选择"粘贴帧"命令，粘贴一个椭圆。此时，由于椭圆内部有白色的填充区域，因此不能看到已创建的遮罩效果。

（8）单击椭圆内部的填充区域，按"Delete"键删除。

（9）双击椭圆的笔触区域选中椭圆，执行"修改"|"转换为元件"命令，弹出"转换为元件"对话框，输入元件名称，类型为"影片剪辑"，如图4-38所示，单击"确定"按钮，将椭圆形转换为影片剪辑。

（10）选中舞台上的元件实例，在属性面板的"滤镜"区域单击"添加滤镜"按钮，在弹出的滤镜列表中选择"渐变斜角"命令。然后设置模糊值为10，

图4-38　"转换为元件"对话框

类型为"内侧"，单击渐变条，修改中间的颜色游标为#00CC33，如图4-39所示。此时的舞台效果如图4-40所示。

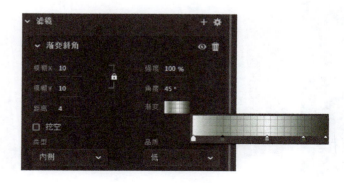

图4-39　设置渐变斜角参数　　　　　　图4-40　应用滤镜的效果

三、元件

元件是 Animate 动画中最基本的演员。元件制作出来之后，放于"库"中。准确地说，元件就是尚在幕后，还没有走到舞台上的"演员"。元件一旦走上舞台，就称为"实例"。

元件有 3 种类型，分别是影片剪辑、按钮、图形，创建的元件放在库面板中。使用的时候，直接拖到工作区就可以了，十分方便。

（一）创建元件

制作动画，特别是制作网页上的动画时，一定要使文件的体积尽可能地小，这样下载的速度才会快。因此，应将动画中重复的对象制作成一个元件，便于重复利用。

（1）执行"插入"|"新建元件"命令，弹出"创建新元件"对话框，如图 4-41 所示。
- 名称：为新元件指定名称。
- 类型：指定元件类型，如图形、按钮或影片剪辑。
- 文件夹：指定存放元件的位置。默认情况下，创建的新元件存放在库面板的根目录下。

（2）单击"确定"按钮，Animate 将新建一个元件，并自动进入元件编辑窗口，如图 4-42 所示。

元件类型及名称

元件注册点

图 4-41 "创建新元件"对话框　　　　图 4-42 元件编辑窗口

元件编辑模式中的加号（+）表示元件的注册点，默认情况下，导入的位图左上角与该点对齐，即属性面板上的 X 和 Y 属性值均为 0.0。

注意：在 Animate 的舞台上，左上角的坐标是(0, 0)，然后从左往右，横坐标依次增大；从上往下，纵坐标依次增大。对于元件而言，坐标原点位于元件的中心，向右横坐标增大，向左横坐标减小；向上纵坐标减小，向下纵坐标增大。

（3）使用工具面板中的工具绘制元件外观，或执行"文件"|"导入"命令导入外部资源进行编辑。

（4）编辑完毕，单击编辑栏上的"返回"按钮返回到主场景。

至此，一个简单的元件就创建完成了。执行"窗口"|"库"命令，即可打开库面板，在库面板的库项目列表中可以看到刚创建的元件。

案例——制作花朵元件

(1) 新建一个 Animate 文件,执行"插入"|"新建元件"命令,或按快捷键"Ctrl+F8",在弹出的"创建新元件"对话框中输入元件名称"ban",设置元件类型为"图形",如图 4-43 所示。单击"确定"按钮即可打开一个工作场景,也就是元件编辑窗口。

(2) 在工具面板中单击"椭圆工具"按钮,在属性面板上设置笔触颜色为任意,笔触大小为 1,填充颜色为无,在场景中绘制一个椭圆,然后使用"选择工具"按钮调整椭圆形状,制作花瓣形状,如图 4-44 所示。

(3) 选中花瓣图形,打开信息面板,修改图形的坐标,使图形底部中点与元件注册点对齐,如图 4-45 所示。

图 4-43 设置"创建新元件"对话框

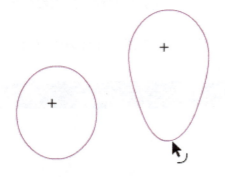

图 4-44 将椭圆整形为花瓣形状

图 4-45 修改图形的注册点

(4) 执行"窗口"|"颜色"命令,打开颜色面板。设置颜色类型为"线性渐变",渐变色为玫红色到黄色,如图 4-46 所示。

(5) 在工具面板中单击"颜料桶工具"按钮,然后单击花瓣的填充区域进行填充,在工具面板中选择"渐变变形工具"按钮,修改渐变范围和方向,最后选中图形的轮廓线并删除,效果如图 4-47 所示。

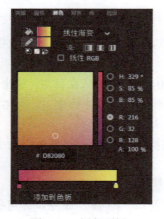

图 4-46 颜色面板

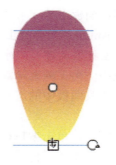

图 4-47 填充花瓣图形

（6）单击编辑栏上的"返回"按钮 ← 返回主场景。按"Ctrl+F8"键打开"创建新元件"对话框，输入元件名称为"flower"，类型为"图形"，单击"确定"按钮，进入元件编辑窗口。

（7）打开库面板，将制作的花瓣元件拖放到场景中，然后打开信息面板，修改实例坐标，使实例注册点与场景中的元件注册点对齐，如图 4-48 所示。

（8）在工具面板中单击"任意变形工具"按钮，将实例的变形中心点拖放到实例底部中心，如图 4-49 所示。

图 4-48　修改实例位置

图 4-49　调整实例的变形中心点

（9）执行"窗口"|"变形"命令，打开变形面板，设置旋转角度为"60°"，然后连续单击面板底部的"重制选区并变形"按钮 5 次，如图 4-50 所示。完成花朵的制作，效果如图 4-51 所示。

图 4-50　设置变形参数

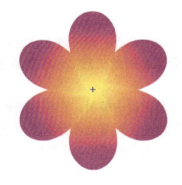

图 4-51　花朵元件制作完成效果

（10）单击编辑栏上的"返回"按钮 ← 返回主场景，然后执行"文件"|"保存"命令保存文件。

从本实例可以看出，如果没有创建花瓣图形元件，要修改花朵的颜色或造型，就必须一瓣一瓣地进行调整，不仅工作量很大，还容易出错。使用图形元件则简单得多，只需要打开花瓣元件进行修改，其他花瓣实例就会自动更新以反映所做的修改。

此外，在 Animate 中，可以将舞台上的一个或多个元素转换为元件。

（二）复制元件

复制元件操作可以将现有的元件作为创建新元件的起点，然后根据需要进行修改。若要复制元件，可以使用以下两种方法之一。

1. 使用库面板复制元件

（1）在库面板中选择要复制的元件。

图 4-52 "直接复制元件"对话框

(2) 单击库面板右上角的选项按钮▤，在弹出的库选项菜单中选择"直接复制…"命令，弹出如图 4-52 所示的"直接复制元件"对话框。

(3) 在对话框中输入元件副本的名称，并指定元件类型，然后单击"确定"按钮。

2. 通过选择实例来复制元件

(1) 在舞台上选择要复制的元件的一个实例。

(2) 执行"修改"|"元件"|"直接复制元件"菜单命令。

(3) 在弹出的"直接复制元件"对话框中输入元件名称，单击"确定"按钮，即可复制指定的元件，并保存在库面板中。

注意，这种方法不能修改元件的类型。

（三）编辑元件

编辑元件的方法有很多种，下面介绍几种编辑元件常用的方法。

(1) 使用元件编辑模式编辑。在舞台上选择需要编辑的元件实例，然后右击，在弹出的快捷菜单中选择"编辑元件"命令，即可进入元件编辑窗口。此时正在编辑的元件名称会显示在舞台上方的编辑栏中。

(2) 在当前位置编辑。在需要编辑的元件实例上右击，从弹出的快捷菜单中选择"在当前位置编辑"命令，即可进入该编辑模式。此时，只有鼠标右击的实例对应的元件可以编辑。尽管其他对象仍然显示在舞台上，但它们都以半透明形式显示，以供参考，不可编辑。

(3) 在新窗口中编辑。在需要编辑的元件实例上右击，从弹出的菜单中选择"在新窗口中编辑"命令，即可进入该编辑模式。此时，元件被放置在一个单独的窗口中，可以同时看到该元件和主时间轴，正在编辑的元件名称显示在舞台上方的编辑栏中。编辑完成后，单击新窗口标签栏右上角的▤按钮，即可关闭该窗口，并返回主舞台。

四、实例

元件创建完成之后，就可以在影片中任何需要的地方，包括在其他元件内，创建该元件的实例了。还可以根据需要对创建的实例进行修改，得到元件的更多效果。

（一）创建实例

将库中的元件拖放至舞台，即可创建实例。具体步骤如下。

(1) 在时间轴上选择一帧，用于放置实例。

(2) 执行"窗口"|"库"命令，打开库面板。

(3) 在显示的库项目列表中，选中要使用的元件，按下鼠标左键并拖动至舞台，即可在舞台上创建此元件的一个实例。

（二）编辑实例

1. 改变实例类型

创建一个实例后，可以在实例的属性面板中根据创作需要改变实例的类型。例如，如果一个图形实例包含独立于主影片的时间轴播放的动画，则可以将该图形实例重新定义为影片剪辑实例。

若要改变实例的类型，可以进行如下操作。

（1）在舞台上选中要改变类型的实例。

（2）在实例属性面板上的"实例行为"下拉列表中选择需要的类型。

2. 改变实例的颜色和透明度

除了可以改变实例的大小、类型，用户还可以更改实例的颜色及透明度。具体步骤如下。

（1）单击舞台上的一个实例，打开对应的实例属性面板。

（2）在"色彩效果"区域单击"样式"按钮弹出下拉菜单，从图 4-53 所示的选项中选择需要的样式。

> 无：这将使实例按其原来的方式显示，即不产生任何颜色和透明度效果。
> 亮度：调整实例的总体灰度。设置为 100%时实例变为白色，设置为-100%时实例变为黑色。
> 色调：使用色调为实例着色。此时可以使用滑块设置色调的百分比。如果需要使用颜色，则可以在文本框中输入红、绿、蓝的值来调制一种颜色。
> Alpha：调整实例的透明度。设置为 0%时实例全透明，设置为 100%时实例完全不透明。
> 高级：使用该选项可以分别调节实例的红、绿、蓝值，以及 Alpha 的百分比和偏移值。

注意：色彩效果只在元件实例中可用，不能对其他 Animate 对象（如文本、导入的位图）进行这些操作，除非将这些对象转变为元件，将一个实例拖动到舞台上进行编辑。

3. 设置图形实例的动画

在如图 4-54 所示的图形实例的属性面板中，用户可以设置图形实例的动画效果。

图 4-53 "样式"下拉列表

图 4-54 设置图形实例的动画效果

> 循环播放图形：使实例循环重复。当主时间轴停止时，实例也停止播放。
> 播放图形一次：使实例从指定的帧开始播放，播放一次后停止。
> 图形播放单个帧：只显示图形元件的单个帧，此时需要指定显示的帧编号。
> 倒放图形一次：使实例从最后一帧开始播放，播放一次后停止。
> 反向循环播放图形：使实例从最后一帧开始循环重复播放。

五、库

Animate 项目可包含成百上千个数据项，其中包括元件、声音、位图及视频。若没有库面板，管理这些数据项将是一项令人望而生畏的工作。对 Animate 库中的数据项进行操作的方法与在硬盘上操作文件的方法相同。

执行"窗口"|"库"命令，即可显示库面板。库面板由以下几个区域组成，如图 4-55 所示。

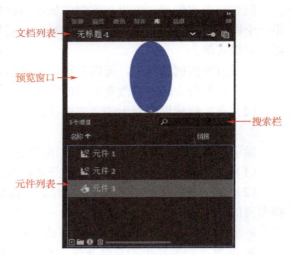

图 4-55　库面板

- 选项菜单按钮■：单击该按钮，打开库选项菜单，其中包括使用库中的项目所需的所有命令。
- 文档列表：显示所有当前打开的动画文件的名称。

Animate 的库面板允许用户同时查看多个动画文件的库项目。使用文档列表下拉列表框可以在打开的多个动画文件的库面板之间进行切换。

- 预览窗口：此窗口可以预览当前选中的库项目的外观。
- 切换排序■：使用此按钮可以对项目按指定项目进行升序或降序排列。
- 新建元件■：在库面板中创建新元件，与"插入"|"新建元件"命令的作用相同。
- 新建文件夹■：使用此按钮在库目录中创建一个新文件夹。
- 属性■：单击此按钮打开"元件属性"对话框，可以更改选定项的设置。
- 删除■：单击此按钮可以删除当前库面板中选定的元件或库项目。
- 搜索栏■：利用此功能，用户可以快速地在库面板中查找需要的库项目。不仅可通过元件名称搜索元件，还可以通过链接名称搜索元件。

利用库面板可以轻松地执行很多任务，下面介绍库面板的一些主要功能。

（一）创建项目

可以在库面板中直接创建的项目包括新元件、空白元件及新文件夹。

- 单击库面板下方的"新建文件夹"按钮■，可以新建一个文件夹。新文件夹添加至库目录结构的根部，它不存在于任何文件夹中。

Animate 的库面板拥有强大的文件管理功能，将动画 GIF 导入到库中时，将自动创建一个具有 GIF 文件名的文件夹，放置所有相关联的位图，且自动根据顺序对这些位图进行适当命名，以便组织和管理导入的资源。

- 单击库面板底部的"新建元件"按钮■，可以新建一个元件。新元件自动添加至库中，并打开对应的编辑窗口。

如果要在库中添加组件，可执行如下操作。

（1）执行"窗口"|"库"命令，打开库面板。

（2）执行"窗口"|"组件"命令，打开组件面板。
（3）在组件面板中选择要加入到库面板中的组件图标。
（4）按住鼠标左键，将组件图标从组件面板拖到库面板中。

（二）删除库项目

若要在库面板中删除库项目，可执行如下操作。
（1）在库面板中选定要删除的项目，选定的项目将突出显示。
（2）在库面板的选项菜单中选择"删除"命令，或单击库面板底部的"删除"按钮📕。
提示：按住"Ctrl"键或"Shift"键并单击，可以选中库面板中的多个库项目。

在制作动画的过程中，往往会增加许多始终没有用到的组件。作品完成时，应将这些没有用到的组件删除，以免造成原始的动画文件过大。

要找到始终没用到的组件，可采取以下方法之一。
（1）单击库面板右上角的选项菜单按钮▤，在弹出的快捷菜单中选择"选择未用项目"选项。
（2）在库面板中，用"使用次数"栏目排序，所有使用次数为 0 的元件，都是在作品中没用到的。一旦选定了它们，便可以同时进行删除。

（三）在库面板中使用元件

在库面板中，可以快速浏览或改变元件的属性或行为，编辑其内容和时间轴。
若要在库面板中查看元件属性，可执行如下操作。
（1）在库面板中选中元件。
（2）在库面板的选项菜单中选择"属性"命令，或单击库面板底部的"属性"按钮🛈。
若要从库面板进入元件的编辑模式，可执行如下操作。
（1）在库面板中选定元件，选中的元件突出显示。
（2）在库面板的选项菜单中选择"编辑"命令，或者双击库中的元件图标。
若要对库中的项目进行排序，可执行如下操作。
（1）单击其中某一栏标题，对库项目按此标题进行排序。
（2）单击排序按钮，切换排序方式。
注意：在排序时每个文件夹独立排序，它们不参与项目的排序。

案例——水中花

（1）新建一个 Animate 文件，舞台属性保留默认设置。
（2）执行"文件"|"导入"|"导入到舞台"命令，导入一幅背景图像。在信息面板中修改图像的大小和坐标，使图像尺寸与舞台尺寸相同，且左上角与舞台左上角对齐，如图 4-56 所示。
（3）执行"文件"|"导入"|"打开外部库"命令，在弹出的对话框中选择前面章节已做好的"花朵.fla"，单击"打开"按钮，即可以外部库的形式打开该文件的库面板，如图 4-57 所示。
（4）在库面板中将已制作好的花朵元件拖放到舞台上，创建一个花朵实例，然后在工具面板中单击"任意变形工具"按钮▦，调整实例的大小，效果如图 4-58 所示。

（5）在工具面板中单击"任意变形工具"按钮，将舞台上的"花朵"实例略微压扁，形成漂浮在水面上的效果，如图 4-59 所示。

图 4-56　导入的背景图像　　　　　　图 4-57　打开外部库面板

图 4-58　添加实例　　　　　　图 4-59　对实例进行变形

（6）选中实例，按住"Alt"键的同时拖放"花朵"实例，复制一些花朵，随机地摆放在舞台上，然后使用任意变形工具对实例进行缩放、旋转和倾斜操作，效果如图 4-60 所示。

（7）选中一个实例，打开对应的属性面板，在"色彩效果"区域的"样式"下拉列表中选择"高级"选项，通过修改各个颜色的属性值设置实例的颜色效果，如图 4-61 所示。

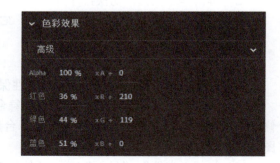

图 4-60　实例效果　　　　　　图 4-61　"高级"选项

（8）按照第（7）步的方法，调整其他实例的颜色、透明度以及色调等属性，最终效果如图 4-62 所示。

（9）执行"文件"|"保存"命令，保存文件。

图 4-62 水中花效果

任务 3　动画制作

任务引入

小李想制作几个动画，包括月球环绕地球旋转的动画、时钟转动的动画以及汽车行驶的动画。那么，怎样才能使月球沿一定的轨迹绕地球旋转呢？怎样使分钟转动一圈后时针走一格呢？怎样使汽车行驶起来呢？

知识准备

一、逐帧动画

逐帧动画是一种最基础的动画制作方法，它往往需要很多关键帧，在制作时，需要对每一帧动画的内容进行具体地绘制。如果关键帧比较少，而它们的间隔又比较长，则播放效果类似于幻灯片的放映。利用这种方法制作动画，工作量非常大，如果要制作的动画时长比较长，则需要投入相当多的精力和时间。不过，采用这种方法制作出来的动画效果非常好，因为对每一帧都进行绘制，所以动画变化的过程非常准确、真实。

案例——转动的时钟

（1）执行"文件"|"新建"命令，在弹出的"新建文档"对话框中，设置类型为 ActionScript 3.0，帧速率为 24，然后单击"确定"按钮，新建一个空白文档。

（2）执行"插入"|"新建元件"命令，或者按下"Ctrl+F8"键，新建一个图形元件，名称为钟，类型为图形，如图 4-63 所示，单击"确定"按钮，进入钟图形元件的编辑状态。

（3）在工具面板中单击"椭圆工具"按钮 ⬭，在属性面板中设置填充颜色为灰色，笔触为无，按住"Shift"键在舞台适当位置绘制一个正圆，在信息面板中更改高和宽为 320，坐标点为（-160，-160），使圆的圆心与舞台注册点对齐，如图 4-64 所示。

（4）执行"编辑"|"复制"命令，单击图层面板中的"新建图层"按钮 ⊞，新建图层_2，执行"编辑"|"粘贴到当前位置"命令，复制圆，然后执行"修改"|"变形"|"缩放和旋转"命令，弹出"缩放和旋转"对话框，设置缩放比例为 90%，旋转角度为 0°；

在属性面板中设置填充颜色为白色,结果如图4-65所示。

图4-63 "创建新元件"对话框　　　　　　　图4-64 绘制圆

(5)为了防止误操作,分别单击图层_1和图层_2上的"锁定"图标🔒,将图层锁定。

(6)单击图层面板中的"新建图层"按钮➕,新建图层_3,在工具面板中单击"椭圆工具"按钮⬤,在属性面板中设置填充颜色为灰色,笔触为无,按住"Shift"键在舞台适当位置绘制一个正圆,在信息面板中更改高和宽为12,坐标点为(-6,-6),使圆的圆心与舞台注册点对齐,如图4-66所示。

(7)单击图层面板中的"新建图层"按钮➕,新建图层_4,在工具面板中单击"矩形工具"按钮▇,在属性面板中设置填充颜色为灰色,笔触为无,在舞台适当位置绘制一个矩形,在信息面板中更改高为8,宽为20,纵坐标为-4,使矩形的水平中心与舞台注册点在一条水平线上,然后利用键盘上的方向键调整矩形位置,如图4-67所示。

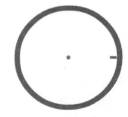

图4-65 缩放图形　　　　　　图4-66 绘制圆　　　　　　图4-67 绘制矩形

(8)在工具面板中单击"任意变形工具"按钮,选取矩形,将矩形的中心点拖曳至舞台注册点处,在变形面板中设置旋转角度为90°,然后连续单击面板底部的"重制选区并变形"按钮4次,如图4-68所示。

(9)单击"返回"按钮⬅,返回主场景,在第1帧处拖入元件"钟",在第360帧处单击鼠标右键,选择"插入帧"命令(或者按"F5"键),将动画延续到第360帧,单击图层_1上的"锁定"图标🔒,将图层_1锁定。

(10)单击图层面板中的"新建图层"按钮➕,新建图层_2,在工具面板中单击"矩形工具"按钮▇,在属性面板中设置填充颜色为蓝色,笔触为无,在舞台适当位置绘制一个矩形,在信息面板中更改高为68,宽为14,然后利用键盘上的方向键调整矩形位置,使其下端与圆心对齐,如图4-69所示。

(11)在工具面板中单击"部分选取工具"按钮,选取上一步绘制的矩形,拖动右上角的路径点,调整时针外形,如图4-70所示。

图 4-68　复制矩形　　　　图 4-69　绘制矩形　　　　图 4-70　调整形状

（12）执行"修改"|"转换为元件"命令或按"F8"键，打开"转换为元件"对话框，设置类型为图形，名称为时针，单击"确定"按钮，将图形转换为元件。单击图层_2 上的"锁定"图标 ，将图层_2 锁定。

（13）单击图层面板中的"新建图层"按钮，新建图层_3。在工具面板中单击"矩形工具"按钮，在属性面板中设置填充颜色为蓝色，笔触为无，在舞台适当位置绘制一个矩形，在信息面板中更改高为 90，宽为 10，然后利用键盘上的方向键调整矩形位置，使其下端与圆心对齐。

（14）在工具面板中单击"部分选取工具"按钮，选取上一步绘制的矩形，拖动右上角的路径点，调整时针外形，如图 4-71 所示。

（15）执行"修改"|"转换为元件"命令或按"F8"键，打开"转换为元件"对话框，设置类型为图形，名称为时针，单击"确定"按钮，将图形转换为元件。

（16）在"图层_3"的第 2 帧处单击鼠标右键，选择"转换为关键帧"命令（或者按"F6"键）。

（17）在工具面板中单击"任意变形工具"按钮，将实例的变形中心点移到钟的正中心，然后执行"修改"|"变形"|"缩放与旋转"命令，打开"缩放和旋转"对话框，设置缩放为 100%，旋转为 12°，单击"确定"按钮，将分针旋转 12°，如图 4-72 所示。

图 4-71　绘制分针　　　　　　图 4-72　"变形"对话框

（18）在其后的各帧上，重复以上两步，直到进入第 30 帧。

（19）选择第 1～30 帧，单击鼠标右键，在弹出的快捷菜单中选择"复制帧"命令，在第 31 帧处单击鼠标右键，在弹出的快捷菜单中选择"粘贴并覆盖帧"命令。然后依次粘贴到第 61 帧、第 91 帧处，直到第 360 帧处结束。这样，分针的逐帧动画就制作完成了。

（20）在"图层_2"的第 31 帧上，单击鼠标右键，选择"转换为关键帧"命令。

（21）将时针实例的变形中心点移到钟的正中心，执行"修改"|"变形"|"缩放与旋转"命令，打开"缩放和旋转"对话框，设置缩放为 100%，旋转为 30°，单击"确定"

按钮,将时针旋转 30°。

(22) 重复以上 2 步,分别将第 60 帧、第 90 帧、第 120 帧、第 150 帧、第 180 帧、第 210 帧、第 240 帧、第 270 帧、第 300 帧、第 330 帧和第 360 帧转换为关键帧,并执行"修改"|"变形"|"缩放与旋转"命令,将时针旋转 30°。

这样就完成了规模庞大的逐帧动画,如图 4-73 所示。

图 4-73　逐帧动画——转动的钟

完成逐帧动画的制作之后,执行"控制"|"播放"命令,就可以看到完成的逐帧动画了,如图 4-74 所示。通过该实例,相信读者已经了解制作逐帧动画的方法,其实利用逐帧动画的原理,还可以制作出很多具有特殊效果的动画。

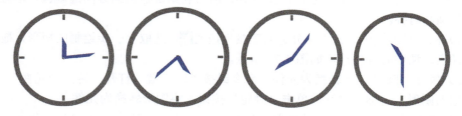

图 4-74　转动的钟

二、传统补间动画

传统补间动画是利用运动渐变的方法制作的动画。利用渐变的方法可以处理舞台中经过群组后的各种矢量图形、文字和导入的素材等。使用这种方法,可以设置对象在位置、大小、倾斜度、颜色以及透明度等方面的渐变效果;还可以将运动过程与任意曲线组成的路径结合起来,制作路径引导动画。使用这种方法必须注意的是,一定要将对象转换成元件或群组。

在两个关键帧之间选中任意一帧,然后单击"插入传统补间"按钮,或执行"插入"|"传统补间"命令,或单击鼠标右键,在弹出的快捷菜单中选择"创建传统补间"命令,即可创建传统补间动画。

创建传统补间动画之后,选择帧,并执行"窗口"|"属性"命令,将打开对应的属性面板,如图 4-75 所示。该面板中有关传统补间属性设置的意义及功能如下。

图 4-75　传统补间属性设置

➢ 缓动:设置对象在动画过程中的变化速度。范围是-100～100。其中正值表示变化先快后慢;0 表示匀速变化;负值表示变化先慢后快。

➢ 旋转:设置旋转类型及方向。该下拉列表框中包括 4 个选项。其中"无"表示在动画过程中不进行旋转;"自动"表示使用舞台中设置的方式进行旋转变化;"顺时针"表示设置对象的旋转方向为顺时针;"逆时针"表示设置对象的旋转方向为逆时针。
➢ 贴紧:选择该项时,如果有连接的引导层,则可以将动画对象吸附在引导路径上。
➢ 调整到路径:选择该项时,对象在路径变化动画中可以沿着路径的曲度变化改变方向。
➢ 沿路径着色:在引导动画中,被引导对象基于路径的颜色变化进行染色。
➢ 沿路径缩放:在引导动画中,被引导对象基于路径的笔触粗细变化进行缩放。
➢ 同步元件:如果对象中有一个对象是包含动画效果的图形元件,则选择该项可以使图形元件的动画播放与舞台中的动画播放同步进行。
➢ 缩放:在动画过程中逐渐改变对象的大小,否则在结束帧突然缩放。

案例——缩放文字

(1)执行"文件"|"新建"命令,文件类型选择 ActionScript 3.0,然后单击"确定"按钮。

(2)在工具面板中单击"文本工具"按钮![T],在属性面板中设置填充颜色为绿色,字体为 Cooper Block,大小为 80,在舞台中单击输入单词"HELLO",如图 4-76 所示。

图 4-76 输入文字

(3)在工具面板中单击"选择工具"按钮![],拖动文字到舞台的中间位置,然后执行"修改"|"转换为元件"命令,打开"转换为元件"对话框,输入名称为 TEXT,设置类型为图形,单击"确定"按钮,将文本转换为图形元件。

(4)选中第 30 帧,在时间轴面板上单击"插入关键帧"按钮![],建立一个关键帧。

(5)执行"修改"|"变形"|"缩放"命令,当"HELLO"周围出现变形框时,拖动变形手柄,将文本缩放到一定比例,如图 4-77 所示。

(6)选取两个关键帧之间的任意一帧,在时间轴面板上单击"插入传统补间"按钮![],两帧之间出现了由起点关键帧指向终点关键帧的箭头,表明已经建立了传统补间关系,如图 4-78 所示。

图 4-77 调整文字大小

图 4-78 创建传统补间动画 1

注意：一定要确保在属性面板上选中"缩放"选项，这样 Animate 就会在文字运动渐变的同时进行缩放。否则会出现这样的结果：文字运动时，大小不变；运动到最后一帧时，文字大小突然变化。

（7）选中第 60 帧，执行"插入"|"时间轴"|"关键帧"命令，建立一个终点关键帧。

（8）执行"修改"|"变形"|"缩放"命令，当"HELLO"周围出现变形框时，拖动变形手柄，将文本放大。

（9）在第 2 个关键帧和第 3 个关键帧之间选取任意一帧，单击鼠标右键，在弹出的快捷菜单中选择"创建传统补间"命令，在第 2 个关键帧和第 3 个关键帧之间创建传统补间，如图 4-79 所示。

图 4-79　创建传统补间动画 2

三、形状补间动画

上一节介绍了传统补间动画，传统补间动画中的所有对象必须转换为元件或群组。形状补间动画则不同，它处理的对象只能是矢量图形，群组对象和元件都不能直接进行形状补间。形状补间动画描述了一段时间内一个对象变成另一个对象的过程。在形状补间动画中，用户可以改变对象的形状、颜色、大小、透明度以及位置等。

创建形状补间动画之后，在对应的属性面板上可以设置形状补间的相关参数。

- 缓动：设置对象在动画过程中的变化速度。正值表示变化先快后慢；负值表示变化先慢后快。
- 混合：设定变形的过渡模式，即起点关键帧和终点关键帧之间的帧的变化模式。包括如下两个选项。
  - ✓ 分布式：设置中间帧的形状过渡更光滑、更随意。
  - ✓ 角形：设置中间帧的过渡形状保持关键帧上图形的棱角。此选项只适用于有尖锐棱角的形状补间动画。

案例——文字变形

（1）执行"文件"|"新建"命令，新建一个 Animate 文件（ActionScript 3.0）。

（2）在工具面板中单击"文本工具"按钮 T，在属性面板中设置填充颜色为橙色，字体为 Cooper Block，大小为 80，在舞台中单击输入单词"Cute"，如图 4-80 所示。

（3）执行"修改"|"分离"命令两次，将文字打散成形状，如图 4-81 所示。

（4）选中第 30 帧，在时间轴面板上单击"插入空白关键帧"按钮，建立一个空白关键帧。

（5）在工具面板中单击"文本工具"按钮 T，在属性面板中设置填充颜色为橙色，字体为 Cooper Block，大小为 80，在舞台中单击输入单词"Girl"。

(6) 执行"修改"|"分离"命令两次,将文本打散为形状,如图 4-82 所示。

图 4-80　输入文字　　　　　图 4-81　起始关键帧的形状　　　图 4-82　结束关键帧的形状

(7) 选中两个关键帧之间的任意一帧,在时间轴面板上单击"插入形状补间"按钮,或单击鼠标右键,在弹出的快捷菜单中选择"创建补间形状"命令,两帧之间出现了由起点关键帧指向终点关键帧的箭头,表明已建立形状补间关系,如图 4-83 所示。

图 4-83　文字的形状补间效果

注意:打散文本时,一定要执行两次"修改"|"分离"命令。第一次是将文本分散成单个的字,第二次是将单个的字分散成为形状。只有执行两次该命令,才能够将文字变成形状补间动画,否则将无法得到文字的形状补间动画。

四、路径动画

Animate 还可以使对象沿用户描绘的任意曲线移动,此时需要在运动层上添加一个运动引导层,该引导层中仅包含一条任意形状、长度的路径。最后将运动层和引导层连接起来,就可以使对象沿指定的路径运动了。

案例——小球环绕

(1) 执行"文件"|"新建"命令,新建一个 Animate 文件(ActionScript 3.0),舞台大小为 350 像素×320 像素,颜色为白色。

(2) 执行"插入"|"新建元件"命令,创建一个名为"ball"的图形元件。在工具面板中单击"椭圆工具"按钮,在属性面板上设置笔触颜色为无,填充颜色为黑白径向渐变,然后按下"Shift"键在舞台上绘制一个正圆。

(3) 选中正圆,在信息面板中设置正圆的圆心与舞台注册点对齐,如图 4-84 所示。然后单击编辑栏上的"返回"按钮,返回主场景。

(4) 右击图层_1,在弹出的快捷菜单中选择"添加传统运动引导层"命令,在图层_1上添加一个运动引导层,名字为"引导层_图层_1"。

(5) 选中运动引导层的第 1 帧,在工具面板中单击"椭圆工具"按钮,在属性面板上设置笔触颜色为红色,笔触大小为 5,无填充色,然后在舞台上绘制一个平滑的椭圆,作为小球的运动轨迹,如图 4-85 所示。

(6) 在工具面板中单击"橡皮擦工具",在属性面板中设置橡皮擦的大小为 10,在椭圆路径上单击擦出一个缺口,如图 4-86 所示。

图4-84　修改图形坐标　　　　图4-85　椭圆路径　　　　图4-86　修改路径

（7）选中引导层的第30帧，单击时间轴面板中的"插入帧"按钮，或按"F5"键插入帧，将路径延续到第30帧。

（8）选中图层_1的第1帧，打开库面板，从库项目列表中将创建的"ball"图形元件拖放到舞台上。然后单击工具面板中的"选择工具"，然后在属性面板的"文档"选项中单击"贴紧至对象"按钮。

注意：在使用箭头工具时，一定要打开"贴紧至对象"选项，元件的起点、终点一定要与运动引导层中的轨迹曲线的起点、终点对齐，否则动画将不会按照指定的运动路线移动。

（9）将小球拖动到椭圆边线上，当小球中心显示一个黑色的小圆圈时，释放鼠标，如图4-87所示，小球即可附着到路径上。

（10）选中图层_1的第30帧，单击时间轴面板中的"插入关键帧"按钮，或按"F6"键创建一个关键帧，然后将小球移到如图4-88所示的位置。

（11）右击图层_1的两个关键帧之间的任意一帧，从弹出的快捷菜单中选择"创建传统补间"命令。此时按下"Enter"键，可以查看小球的运动效果。按下"绘图纸外观"工具，可以看到小球的运动轨迹，如图4-89所示。

  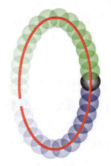

图4-87　将小球吸附到路径上　　　图4-88　移动小球的位置　　　图4-89　小球的运动轨迹

接下来制作第2个引导路径动画。由于运动方式和路径与前面的动画相同，因此可以采用复制图层的方法制作。

提示：读者可以将第1个引导路径动画转换为影片剪辑，然后通过对实例旋转变形及修改实例的颜色完成本例的效果。有兴趣的读者可以自己动手练一练。

（12）单击引导层的第1帧，然后按下"Shift"键，单击图层_1的第30帧，选中两个图层上的动画帧。执行"编辑"|"时间轴"|"直接复制图层"命令，可在图层面板上看到复制的动画图层，如图4-90所示。

图 4-90 直接复制动画图层

（13）选中粘贴的引导路径，执行"修改"|"变形"|"缩放和旋转"命令，在弹出的"缩放和旋转"对话框中，设置旋转角度为 60°，如图 4-91 所示。然后将旋转后的路径修改为绿色，如图 4-92 所示。

（14）选中粘贴的小球图层第一个关键帧中的实例，将实例拖放到引导路径的一个端点，如图 4-93 所示。采用同样的方法，将第二个关键帧拖放到引导路径的另一个端点，打开"绘图纸外观"工具 ，效果如图 4-94 所示。

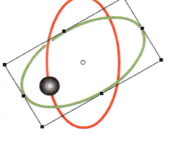

图 4-91 设置旋转角度　　图 4-92 旋转并着色　　图 4-93 实例中心点与路径端点对齐

（15）采用同样的方法复制并粘贴动画层和引导层，将第 3 条路径修改为蓝色，如图 4-95 所示。分别调整小球实例起始关键帧的位置，如图 4-96 所示。

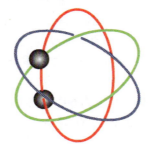

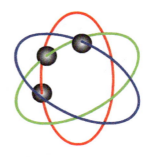

图 4-94 第 2 个小球的运动轨迹　　图 4-95 修改路径的颜色　　图 4-96 第 3 个实例的位置

（16）执行"文件"|"保存"命令，保存文件，按"Enter"键预览动画效果，如图 4-97 所示，三个小球都在各自的路径上运动。

接下来修改动画的补间属性，使读者进一步了解"沿路径着色"的效果。

（17）选中图层_1 的第 1 帧，打开属性面板，在补间区域选中"沿路径着色"选项，如图 4-98 所示。

（18）采用同样的方法，修改其他被引导层的补间属性。修改完成后的动画效果如图 4-99 所示，可以看到 3 个小球的颜色将根据引导路径的颜色进行转换。

 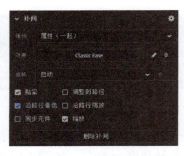 

图 4-97 运动效果　　　　图 4-98 修改补间属性　　　　图 4-99 动画效果

如果将路径修改为填充色，则可以看到更绚丽的效果，在运动过程中，小球的颜色将不停地进行变换，在舞台上的效果如图 4-100（a）所示。由于在输出的动画中引导路径是不可见的，因此测试影片的效果如图 4-100（b）所示，只能看到运动的小球，而不能看到引导路径。

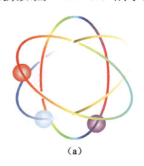 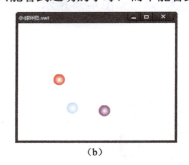

　　　　　　（a）　　　　　　　　　　　　（b）

图 4-100 动画效果

（19）单击图层面板中的"新建图层"按钮，新建一个图层。将该图层拖放到底层。

（20）在工具面板中单击"椭圆工具"按钮，设置笔触颜色为深灰色，无填充色，笔触大小为 5。在舞台上绘制一个椭圆。

（21）选中椭圆，执行"窗口"|"信息"命令，打开信息面板，调整椭圆的大小和位置，使其与引导层中的椭圆路径大小相同，位置重合。

（22）执行"窗口"|"变形"命令，打开变形面板，设置旋转角度为 60°，然后单击"重制选区并变形"按钮两次。

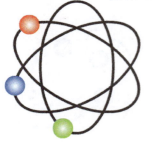

此时，在舞台上隐藏引导路径图层之后的效果如图 4-101 所示。取消隐藏图层，按"Ctrl+Enter"组合键测试动画效果，如图 4-102 所示。

图 4-101 复制并变形的椭圆效果

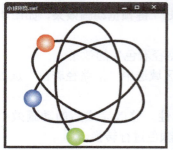 

图 4-102 动画效果

五、遮罩动画

遮罩效果常用在探照灯和滚动字幕等效果中，只在某个特定的位置显示图形，其他部位不显示，起遮罩作用的图层被称为遮罩层。

遮罩层与其他层一样可以在帧中绘图，但只在有图形的位置才有遮罩效果，没有图形的区域什么也不显示。遮罩层里的图形不会显示，只起遮罩作用。

案例——探照灯效果

（1）新建一个 ActionScript 3.0 文件。

（2）选中图层_1 的第 1 帧，在工具面板中单击"文本工具"按钮 T，设置字体属性为 Rosewood Std，大小为 80，输入"ANIMATE DIY"，如图 4-103 所示。

图 4-103 创建被遮罩层的内容

（3）选中图层_1 的第 30 帧，单击鼠标右键，选择"插入帧"命令或按"F5"键，将文字延续到第 30 帧。

（4）单击图层面板中的"新建图层"按钮，新建图层_2。

（5）选中图层_2 的第 1 帧，在工具面板中单击"椭圆工具"按钮，按住"Shift"键，在舞台上绘制一个圆，并执行"修改"|"转换成元件"命令，将其转换为一个图形元件。然后将元件实例拖放到文本最左侧。

（6）选中图层_2 的第 30 帧，单击时间轴面板中的"插入关键帧"按钮，建立一个终点关键帧。将元件实例拖放到文本最右侧。

（7）在两个关键帧之间的任意一帧上单击鼠标右键，选择"创建传统补间"命令，建立传统补间关系，如图 4-104 所示。

图 4-104 创建遮罩层的动画

（8）在图层_2 上单击鼠标右键，选择"遮罩层"命令，图层_2 成为遮罩层，图层_1 成为被遮罩层，并建立遮罩动画。

这样，探照灯效果的遮罩动画就完成了，如图 4-105 所示。

图 4-105　探照灯效果动画

六、补间动画

补间动画是通过为一个帧中的对象属性指定一个值,为另一个帧中的相同属性指定另一个值创建的动画。在补间动画中,只有指定的属性关键帧的值存储在文件中。可以说,补间动画是一种在最大程度上减小文件大小的同时,创建随时间移动和变化的动画的有效方法。

可补间的对象类型包括影片剪辑、图形和按钮元件以及文本字段。可补间的对象的属性包括：2D X 和 Y 位置、3D Z 位置(仅限影片剪辑)、2D 旋转(绕 Z 轴)、3D X、Y 和 Z 旋转(仅限影片剪辑)、倾斜 X 和 Y、缩放 X 和 Y、颜色效果,以及滤镜属性。

在深入了解补间动画的创建方式之前,读者有必要先掌握补间动画中的几个术语：补间范围、补间对象和属性关键帧。

"补间范围"是时间轴中的一组帧,舞台上的对象的一个或多个属性可以随时间而改变。补间范围在时间轴中显示为具有蓝色背景的单个图层中的一组帧。

补间对象：在每个补间范围中,只能对舞台上的一个对象进行动画处理。此对象称为补间范围的目标对象。

"属性关键帧"是在补间范围中为补间目标对象显式定义一个或多个属性值的帧。如果在单个帧中设置了多个属性,则其中每个属性的属性关键帧都会驻留在该帧中。用户可以在补间范围的右键菜单中选择可在时间轴中显示的属性关键帧类型。

注意："关键帧"和"属性关键帧"的概念有所不同。"关键帧"是指时间轴中物体运动或变化中的关键动作所处的帧。"属性关键帧"则是指在补间动画中定义了属性值的特定时间或帧。

案例——行驶的汽车

(1) 执行"文件"|"新建"命令,新建一个 Animate 文件(ActionScript 3.0),舞台高度为 360 像素。

(2) 使用工具面板中的绘图工具在舞台上绘制道旁景色,然后使用"颜料桶"工具进行填充,如图 4-106 所示。

注意：填充颜色是指对绘制的无空隙轮廓进行填充。如果绘制的轮廓线不封闭,则可以在工具面板底部的"间隔大小"选项中选择封闭空隙大小。

(3) 选择整个景色图形,执行"修改"|"转换为元件"命令,在弹出的对话框中设置名称为"view",类型为"图形",然后单击"确定"按钮关闭对话框。

图 4-106　道旁景色

（4）执行"窗口"|"库"命令，打开库面板。然后从库面板中拖动一个景色图形元件到舞台上，并摆放好位置，使两个实例对接，如图 4-107 所示。

图 4-107　将两个实例对接

提示：此时图形会比较大，可以选择"缩放"工具缩小视图，也可以在编辑栏最右侧调整视图显示比例。

（5）选中两个实例，执行"修改"|"组合"命令，将这两个实例进行群组。

组合后的整体图形一部分位于舞台上，另一部分则处于舞台之外。舞台之外的部分是不可见的，只有这样，在制作传统补间动画之后，景色才会不断地从视线中"倒退"，就像坐在车子中看到路边的景象一样。

（6）单击图层面板中的"新建图层"按钮 ，新建一个图层。执行"文件"|"导入"|"导入到库"命令，导入一幅汽车行驶的动画 GIF 到库中。然后打开库面板，将自动生成的影片剪辑拖放到舞台上，调整实例位置和大小，如图 4-108 所示。

图 4-108　在舞台上添加影片剪辑

（7）选中新图层的第 50 帧，单击时间轴面板中的"插入帧"按钮 或按 F5 键插入帧，将动画延续到第 50 帧。

（8）选中图层 1 的第 25 帧，单击时间轴面板中的"插入关键帧"按钮 或按 F6 键插入一个关键帧，然后向左移动建筑群。移动后的效果如图 4-109 所示。

（9）右击第 1 帧，在弹出的快捷菜单中选择"创建传统补间"命令，然后在属性面板的"补间"区域设置"缓动"为-10，如图 4-110 所示。

图 4-109　移动景色（一）

图 4-110　设置缓动（一）

这样，景色向左后退的速度将越来越快，模拟汽车开始加速。

（10）选中图层 1 的第 50 帧，按 F6 键插入一个关键帧，然后向左移动建筑群。移动后的效果如图 4-111 所示。

（11）右击第 25 帧，在弹出的快捷菜单中选择"创建传统补间"命令，然后打开属性面板，在"补间"区域设置"缓动"为 1，如图 4-112 所示。

图 4-111　移动景色（二）

图 4-112　设置缓动（二）

这样，景色向左后退的速度将越来越慢，模拟汽车开始减速。

（12）执行"文件"|"保存"命令保存文件。然后按 Ctrl + Enter 键测试动画效果，如图 4-113 所示。

图 4-113　动画效果

任务 4　发布与输出

任务引入

小李已经制作好了动画,如何将动画导出成视频?如何将动画发布成网页?又如何将动画发布成图像呢?

知识准备

一、发布 ActionScript 3.0 文档

利用"发布"命令可为 Internet 配置全套所需的文件。也就是说,"发布"命令不仅能在 Internet 上发布动画,而且能根据动画内容生成图形,创建用于播放 SWF 动画的 HTML 文档并控制浏览器的相应设置。同时,Animate 还能创建独立运行的小程序,如 .exe 格式的可执行文件。

在使用"发布"命令之前,可利用"发布设置"命令对文件的格式等发布属性进行相应的设置。一旦完成了所需的设置,就可以直接使用"发布"命令,将动画发布成指定格式的文件了。

发布动画的操作步骤如下。

(1)执行"文件"|"发布设置"命令,调出"发布设置"对话框,如图 4-114 所示。

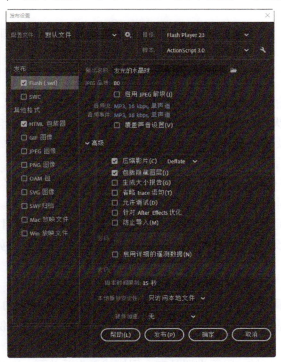

图 4-114　"发布设置"对话框

（2）在格式分类中选择要发布的文件格式，每选定一种格式，对话框右侧显示相应的选项。

- Flash（swf）：Animate 动画发布的主要格式是以.swf 为后缀的文件。
- HTML 包装器：如果要在 Web 浏览器中放映动画，则必须创建一个用来启动该动画并对浏览器进行有关设置的 HTML 文档。使用"发布"命令可以自动创建所需的 HTML 文档。HTML 文档中的参数可确定动画显示窗口、背景颜色和演示时动画的尺寸等。Animate 能够插入用户在模板文档中指定的 HTML 参数，模板可以是有基本的用于浏览器上显示动画的模板，也可以是包含测试浏览器及其属性代码的高级模板。
- GIF 图像：GIF 文件提供了一种输出用于网页的图形和简单动画的简便易行的方式，标准的 GIF 文件是经过压缩的位图文件；动画 GIF 文件提供了一种输出短动画的简便方式，在 Animate 中对动画 GIF 文件进行了优化，并将其保存为逐帧变化的动画。
- JPEG 图像：JPEG 图像格式是一种高压缩比的 24 位色彩的位图格式。总的来说，GIF 格式较适于输出线条形成的图形，而 JPEG 格式则较适于输出包含渐变色或位图形成的图形。
- PNG 图像：PNG 格式是一种可跨平台支持透明度的图像格式。
- OAM 包：在 Animate 2022 中，可以将 HTML5 Canvas、ActionScript 或 WebGL 格式的内容导出为 OAM 包（.oam，动画部件文件），然后将生成的 OAM 文件放在 Dreamweaver、InDesign 等其他 Adobe 应用程序中。

（3）在"输出文件"文本框中可以指定动画的名称。

（4）如果要改变某种格式的设置，可在格式分类中选中该格式，然后在右侧的选项列表中进行设置。

（5）执行"文件"|"发布"命令，即可按指定设置生成指定格式的文件。

二、发布 HTML5 Canvas 文档

发布的 HTML5 输出包含 HTML 文件和 JavaScript 文件。其中，HTML 文件用于包含 Canvas 元素中所有形状、对象及图稿的定义；JavaScript 文件用于包含动画所有交互元素的专用定义和代码，以及所有补间类型的代码。这些文件默认会被复制到 FLA 所在的位置。通过"发布设置"对话框，可以更改输出路径和默认的选项设置。

打开一个 HTML5 Canvas 文档，然后执行"文件"|"发布设置"命令，打开如图 4-115 所示的"发布设置"对话框。

- 输出名称：指定文件发布的路径，默认为 FLA 文件所在的目录。
- 循环时间轴：设置动画播放到时间轴最后一帧时是否停止。如果选中该项，则循环播放。
- 包括隐藏图层：设置是否输出隐藏图层。
- 舞台居中：设置是否将 HTML 画布或舞台显示在浏览器窗口的中央。
- 使得可响应：设置动画是否响应尺寸的变化，根据不同的比例因子调整输出文件的大小。
- 缩放以填充可见区域：用于设置是在全屏模式下查看动画，还是拉伸动画以适合屏幕。

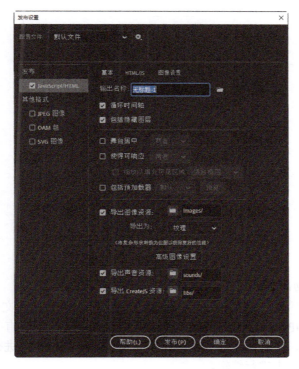

图 4-115 "发布设置"对话框

> 包括预加载器：设置是使用默认的预加载器，还是从文档库中自行选择加载器。
> 导出图像资源：指定存放或从中引用图像资源的文件夹。
> 导出声音资源：指定存放或从中引用声音资源的文件夹。
> 导出 CreateJS 资源：指定存放或从中引用 CreateJS 库的文件夹。

（1）在"输出文件"文本框中可以指定动画的名称。

（2）如果要改变某种格式的设置，可在格式分类中选中该格式，然后在右侧的选项列表中进行设置。

（3）执行"文件"|"发布"命令，即可按指定设置生成指定格式的文件。

三、导出动画

执行"导出图像"命令或"导出影片"命令可以导出图形或动画。"导出"命令用于将动画中的内容以指定的各种格式导出以便其他应用程序使用，与"发布"命令不同的是，使用"导出"命令一次只能导出一种指定格式的文件。

1. 导出影片

"导出影片"命令可将当前电影中所有内容以支持的文件格式输出。如果所选文件格式为静态图形，则该命令将输出一系列的图形文件，每个文件与影片中的一帧对应。

（1）执行"文件"|"导出"|"导出影片"命令，打开"导出影片"对话框，如图 4-116 所示。

（2）定位到要保存影片的文件路径，然后输入文件名称，保存类型为 SWF 影片（*.swf）。

（3）单击"保存"按钮，保存影片，关闭对话框。

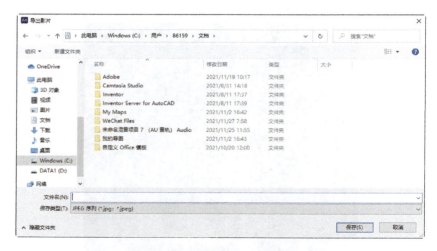

图 4-116 "导出影片"对话框

2. 导出图像和动画 GIF

"导出图像"命令可将当前帧中的内容或选中的一帧以静态图形文件的格式输出。将一个图形导出为 GIF、JPEG 或 PNG 格式的文件时，图形将丢失其中有关矢量的信息，仅以像素信息的格式保存，可以在诸如 Photoshop 之类的图形编辑器中进行编辑，但不能在基于矢量的图形应用程序中进行编辑。

Animate 2022 的"导出图像"对话框支持优化功能，用户可以同时查看图像的多个版本以选择最佳设置组合；可以指定透明度和杂边，设置仿色选项；还可以按指定尺寸调整图像大小。导出图像和动画 GIF 的基本步骤如下。

（1）执行"文件"|"导出"|"导出图像"或"导出动画 GIF"命令，打开"导出图像"对话框，如图 4-117 所示。

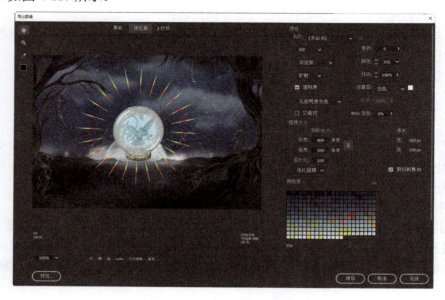

图 4-117 "导出图像"对话框

对话框左侧显示以 GIF 格式优化后的预览图，图像下方显示优化的格式和优化后的文件大小；对话框右侧显示优化设置和图像尺寸。

（2）单击对话框左下角的"预览"按钮，可以在默认浏览器中预览优化后的图像效果、详细的优化信息以及生成的 HTML 代码，如图 4-118 所示。

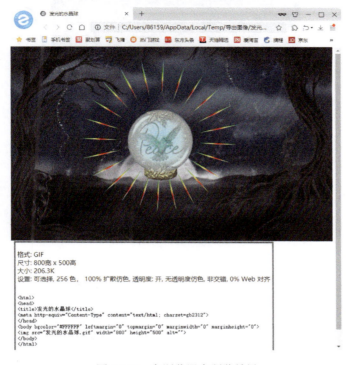

图 4-118　在浏览器中预览效果

（3）单击"导出图像"对话框顶部的"2 栏式"，可以同时查看图像的原始版本和优化版本，或同时查看两种不同的优化效果，以选择最佳设置组合。单击其中一栏，可以在对话框右侧的"预设"区域进行优化设置。

（4）在对话框的"图像大小"区域设置导出的图像大小。可以按像素大小进行指定，也可以指定为原始图像的百比分。

（5）设置完毕，单击"保存"按钮，在弹出的"另存为"对话框中选择保存文件的位置，在"文件名"文本框中指定文件名称。

（6）单击"保存"按钮，关闭对话框。

3．导出视频/媒体

使用"导出视频/媒体"命令，可以将动画导出为 MOV 视频文件。

（1）执行"文件"|"导出"|"导出视频/媒体"命令，弹出如图 4-119 所示的"导出媒体"对话框。

（2）在"渲染大小"区域设置导出的视频尺寸。

（3）在"间距"区域设置导出的视频范围。

（4）单击"浏览"按钮，设置导出的视频存放的路径和文件名称。

（5）单击"导出"按钮，即可导出视频文件。

图 4-119 "导出媒体"对话框

项目总结

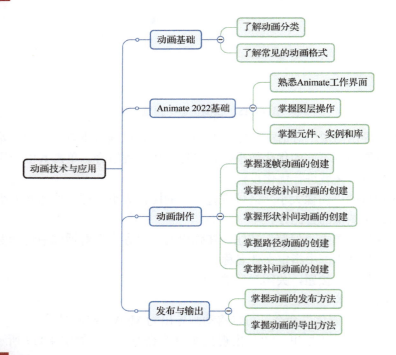

项目实战

实战一　色彩动画

（1）新建一个 ActionScript 3.0 文件。

（2）在当前层上选取一帧，按 F6 键创建起点关键帧。

（3）在起点关键帧处，选择"椭圆工具"，在颜色面板中选择"径向渐变"，并调制一种渐变色，按住 Shift 键在舞台上绘制一个正圆形，如图 4-120 所示。

（4）在起点关键帧后选择一帧，采用上一步的方法，建立一个终点关键帧。在舞台上用"选择工具"选择该帧的所有内容，并全部删除。选择"文本工具"，设置字体属性为"汉仪雪君体简"、大小为 70，输入文字"色彩动画"。

（5）执行两次"修改"|"分离"命令将文本打散，在颜色面板上设置填充方式为"径向渐变"，选择红绿蓝渐变色，Alpha 值为 100%，效果如图 4-121 所示。

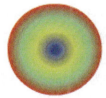

图 4-120　圆的效果　　　　　　　　　图 4-121　文字的渐变效果

（6）在两个关键帧之间的任一帧上单击鼠标右键，在弹出的菜单中选择"创建补间形状"命令，建立形状补间关系，其中 5 帧的效果如图 4-122 所示。

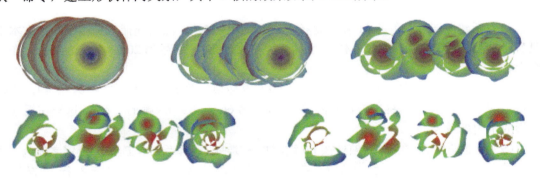

图 4-122　图形渐变到文字的色彩动画

实战二　游戏网站引导动画

（1）新建一个 Animate 文档（ActionScript 3.0），舞台大小为 500 像素×400 像素，背景色为黑色。

（2）选择"文本工具"，在属性上设置字体为 Arial TUR，字号为 20，颜色为橙色，在舞台右侧输入文本"http://www.gamelover.com.cn"。然后在第 50 帧处按 F6 键添加关键帧，将文本拖动到舞台左侧。选中第 1 帧，执行"创建传统补间"命令。第 25 帧的动画效果如图 4-123 所示。

（3）新建图层 2。选择"文本工具"，字体为 Microsoft Sans Serif，字号为 20，颜色为灰色，文本方向为"垂直"，在舞台下方输入文本"游民部落——游戏爱好者的天堂"。在第 50 帧处按 F6 键添加关键帧，将文本拖动到舞台的上方。选中第 1 帧，执行"创建传统补间"命令。第 25 帧的动画效果如图 4-124 所示。

图 4-123　第 25 帧的动画效果　　　　　　　图 4-124　第 25 帧的动画效果

（4）新建图层 3。执行"导入到舞台"命令，导入一幅黑底的 JPEG 图片，选中导入的图片，执行"转换为元件"命令，将其转换为名称为 ring 的图形元件。

（5）选中舞台上的指环实例，在属性面板上设置颜色样式为"Alpha"，参数为 0%，将图片变成完全透明。在第 60 帧处按 F6 键添加关键帧，选中舞台上的实例，按照同样的方法设置颜色样式为"Alpha"，参数为 100%，这样实例在舞台上完全可见。

（6）右击图层 3 的第 1 帧，在弹出的快捷菜单中选择"创建传统补间"命令，然后在属性面板上设置"缓动"为 100，顺时针旋转 6 次。完成后的效果如图 4-125 所示（第 25 帧位置）。

（7）新建图层 4。在第 61 帧位置按 F6 键添加关键帧。然后选择工具箱中的"文本工具"，设置文本类型为"静态文本"，字体为"华文琥珀"，字号为 200，颜色为红色，在舞台上输入"？"。

（8）按住 Shift 键选中第 62～69 帧，按 F6 键转换为关键帧。然后选中第 62 帧，删除舞台上的"？"，采用同样的方法删除第 64 帧、第 66 帧和第 68 帧的"？"，这样在播放时就形成了闪烁效果。

（9）新建图层 5。在第 70 帧处按 F6 键添加关键帧。选择"文本工具"，设置字体为"华文行楷"，字号为 200，颜色为桔黄。在舞台的左下方输入"游"字，然后执行"转换为元件"命令，将文本"游"转换为图形元件。

（10）选中图形实例"游"字，在属性面板上设置颜色样式为"Alpha"，参数设置为 0%。在第 85 帧处按 F6 键添加关键帧，将图形实例拖动到舞台左上角，并在属性面板上设置 Alpha 值为 100%。然后在两个关键帧之间创建传统补间，最后在第 130 帧处按 F5 键插入帧。打开"绘图纸外观"工具的效果如图 4-126 所示。

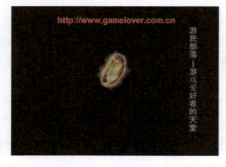

图 4-125　第 25 帧的效果　　　　　　　图 4-126　"游"的运动轨迹

（11）按照上面两步的方法，分别制作"民""部""落"依次从舞台底部移动到舞台上的淡入效果，如图 4-127 所示。

（12）新建图层 9。在第 99 帧处按 F6 键添加关键帧。选中"文本工具"，在属性面板上设置字体为"华文隶书"，字号为 20，颜色为浅灰色。在"游民"和"部落"之间的区域输入文本"游戏爱好者的乐园，欢迎光临游民部落！"，如图 4-128 所示。

图 4-127　文本的位移动画

图 4-128　输入文本

（13）执行"转换为元件"命令，将文本转换为图形元件"text"。选中舞台上的实例，在属性面板上设置颜色样式为"Alpha"，值为 0%。在第 120 帧处按 F6 键添加关键帧，选中实例，在属性面板上设置颜色样式为"Alpha"，值为 100%。右击第 99～120 帧的任意一帧，在弹出的快捷菜单中选择"创建传统补间"命令。

（14）新建图层 10，在第 110 帧处按 F6 键添加关键帧。打开库面板，将图形元件 ring 拖放到舞台上。在第 120 帧处按 F6 键添加关键帧，将实例拖到舞台的右下角。

（15）选中第 110 帧，单击舞台上的 ring 实例，使用"任意变形工具"调整实例大小，将实例拉伸至文档大小，如图 4-129 所示。然后在属性面板上设置颜色样式为"Alpha"，值为 0%。

（16）右击第 110～120 帧的任意一帧，在弹出的快捷菜单中选择"创建传统补间"命令，此时的效果如图 4-130 所示。

图 4-129　拉伸至文档大小

图 4-130　完成效果（第 130 帧位置）

（17）执行"保存"命令保存文件，然后按 Ctrl+Enter 键测试动画效果。

项目五

视频技术与应用

思政目标

> 培养健康的审美情趣、乐观的生活态度。
> 培养勇于实践创新、敬业求精的工匠精神。

技能目标

> 熟悉 Premiere Pro 工作界面及项目管理。
> 能够进行动画制作。
> 能够进行视频剪辑、视频过渡、特效等视频处理。
> 能够给视频添加字幕。
> 能够将视频输出为所需格式和大小。

项目导读

Premiere 是一款适用于电影、电视和 Web 的视频编辑软件。与其他同类软件相比，Premiere 拥有多种可靠的创意工具，集采集、剪辑、调色、美化音频、字幕添加、输出、DVD 刻录于一体，能够与其他 Adobe 应用程序和服务紧密集成，提升用户的创作能力和创作自由度，帮助用户以顺畅、互联的工作流程将素材打造成精美的影片和视频。

任务 1 视频基础

任务引入

为了让课件内容更加丰富，小李需要拍摄一些实验过程的视频，并根据需要对视频进行剪辑，这就需要小李对视频技术有所了解。那么，视频制式有哪些？常见的视频文件又有哪些格式呢？

知识准备

视频泛指将系列静态影像以电信号的方式加以捕捉、记录、处理、存储、传送与重现的各种技术。图像是视频的最小和最基本单元。当连续的图像变化超过每秒24帧时，根据视觉暂留原理，人眼无法辨别单幅的静态画面，看上去是平滑连续的视觉效果，这样连续的画面称为视频。

视频是计算机中多媒体系统中的重要一环。

一、视频制式

目前世界上现行的彩色电视制式主要有3种：NTSC制、PAL制和SECAM制。下面简要介绍这3种视频信号制式的概念。

1. NTSC制

NTSC是National Television Systems Committee（国家电视系统委员会）的缩写，是1952年美国国家电视标准委员会定义的彩色电视广播标准，称为正交平衡调幅制。美国、加拿大、日本、韩国、菲律宾等国家采用这种制式。帧频为每秒29.97帧（简化为30帧），电视扫描线为525线，偶场在前，奇场在后。标准的数字化NTSC电视标准分辨率为720×486，色彩位深为24比特，画面的宽高比为4∶3，颜色模型为YIQ。

NTSC信号不能直接兼容于计算机系统，可以通过适配器把NTSC信号转换为计算机能够识别的数字信号。相反地，还有设备把计算机视频转换成NTSC信号，把电视接收器当成计算机显示器使用。由于通用电视接收器的分辨率要比一台普通显示器低，所以电视屏幕再大也不能适应所有的计算机程序。

2. PAL制

PAL的全称为Phase-Alternative Line，它采用逐行倒相正交平衡调幅的技术方法，克服了NTSC制相位敏感造成色彩失真的缺点。帧频为每秒25帧，电视扫描线为625线，奇场在前，偶场在后。标准的数字化PAL电视标准分辨率为720×576，色彩位深为24比特，画面的宽高比为4∶3，颜色模型为YUV。英国、新加坡、中国、澳大利亚、新西兰等国家采用这种制式。根据不同的参数细节，PAL制式又可以进一步划分为G、I、D等制式，其中PAL-D制是我国大陆采用的制式。

3. SECAM制

SECAM制又称塞康制，意为"按顺序传送彩色与存储"，属于同时顺序制，俄罗斯、法国等国家采用这种制式。这种制式与PAL制类似，其差别是SECAM中的色度信号是频率调制（FM），在信号传输过程中，亮度信号每行传送，而两个色差信号红色差（R-Y）和蓝色差（B-Y）信号则逐行依次传送，即用行错开传输时间的办法来避免同时传输产生的串色以及由此造成的彩色失真。SECAM制式的特点是不怕干扰，彩色效果好，但兼容性差。帧频为每秒25帧，电视扫描线为625线，隔行扫描，画面比例为4∶3，分辨率为720×576。

提示：近年来，随着视频行业的发展，高清晰彩色电视标准（High-Definition Television）HDTV应运而生，它可以完全被计算机系统直接兼容。但由于某些设计上的问题仍有待解决，可能会严重增加通用电视机的成本，故本节不做介绍。

二、常用的视频尺寸

创作出的视频作品通常会被发布到多种设备上观看，因此，读者有必要了解一下常用视频的标准尺寸，以获得最佳的播放效果。

（1）4K 高清：分辨率为 4096 像素×2160 像素，是 2K 投影机和高清电视分辨率的 4 倍，属于超高清分辨率。在此分辨率下可以看清画面中的每一个细节。真正意义上的 4K 视频需要 4K 摄像机拍摄。

（2）蓝光高清：使用蓝光影碟或通过提取蓝光影碟中的内容转制成计算机能播放的 BD-Rip/mkv 文件。SMPTE（电影电视工程师协会）将数字高清信号数字电视扫描线的不同分为 1080p、1080i、720p。

1080p 和 1080i 分辨率一般为 1920 像素×1080 像素，不同的是 1080p 为逐行扫描，1080i 为隔行扫描。720p 分辨率一般为 1280 像素×720 像素。

（3）DVD：分辨率一般是 720 像素×576 像素，采用 MPG2 编码。

（4）VCD：是一种全动态、全屏播放的视频标准，视频采用 MPEG-1 压缩编码，音频采用 MPEG 1/2 Layer2 编码。适合 PAL 制式电视播放的分辨率为 352 像素×288 像素，帧频为每秒 25 帧；适合 NTSC 制式电视播放的 VCD 的分辨率为 352 像素×240 像素，帧频为每秒 29.97 帧。

三、常用的视频文件格式

1. AVI 格式

AVI 是 Audio Video Interlaced 的简称，它是一种不需要专门硬件参与就可以实现大量视频压缩的数字视频压缩格式，是文件中音频与视频数据的混合，音频数据与视频数据交错存放在同一个文件中。在 Microsoft 公司的 Video For Windows 支持下，可以用软件来播放 AVI 视频信号，因此，它是视频编辑中经常用到的文件格式。

2. MOV 格式

MOV 即 QuickTime 封装格式（也叫影片格式），它是 Apple 公司开发的一种音频、视频文件封装格式，用于存储常用的数字媒体类型。

3. MPEG 格式

MPEG 格式的平均压缩比为 50∶1，最高可达 200∶1，压缩效率非常高，同时图像和声音的质量也很好，并且在 PC 上有统一的标准格式，兼容性好。MPEG-1 被广泛应用在 VCD 的制作和视频片断的下载方面，而 MPEG-2 则被应用在 DVD 制作和高要求的视频图像方面。

4. WMV 格式

WMV 格式是一种独立于编码方式的、在 Internet 上能够实时传播的多媒体技术标准。它采用 MPEG-4 压缩算法，因此压缩率和图像的质量都很不错。

5. MKV

Matroska 是一种新的多媒体封装格式，这种封装格式可以把多种不同编码的视频及 16 条或以上不同格式的音频和语言不同的字幕封装到一个 Matroska Media 文档内。它也是一种开放源代码的多媒体封装格式，可在一个文件中集成多条不同类型的音轨和字幕轨，而且其视频编码的自由度也非常大，可以是常见的 DivX、XviD、3IVX，也可以是 RealVideo、

QuickTime、WMV 这类流式视频。

6. FLV

FLV 是 FLASH VIDEO 的简称，FLV 流媒体格式是一种新的视频格式。由于它形成的文件极小、加载速度极快，使得网络观看视频文件成为可能，它的出现有效地解决了视频文件导入 Flash 后使导出的 SWF 文件体积庞大，不能在网络上很好地使用等缺点。

任务 2　Premiere Pro 2022 基础

任务引入

小李选择 Premiere Pro 软件处理视频，想要熟练使用 Premiere Pro 软件，必须先了解该软件的操作界面，只有对界面有了宏观的认识，才能更好、更快地制作动画。Premiere Pro 的工作界面包含哪些组成部分呢？怎么创建项目文件？怎么创建序列并装配序列呢？

知识准备

一、Premiere Pro 2022 工作界面

在桌面上双击 Adobe Premiere Pro 2022 的图标 Pr，或者在"开始"菜单中单击"Adobe Premiere Pro 2022"，即可启动 Adobe Premiere Pro 2022（以下简称 Premiere），进入主页界面。

在主页界面中，单击"新建项目"按钮新建一个项目；单击"打开项目"按钮打开现有的影片项目文件。在右侧面板中显示最近编辑的影片项目文件列表，单击项目文件名称即可打开指定的项目文件。

新建或打开项目文件后，进入如图 5-1 所示的工作界面。

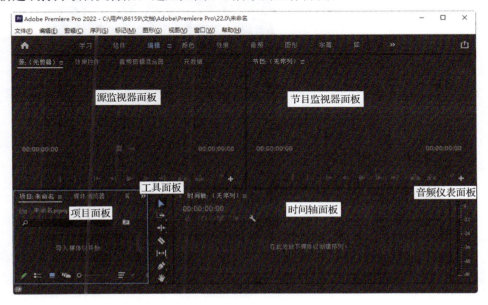

图 5-1　Premiere Pro 2022 工作界面

应用程序顶部是标题栏，显示 Premiere 图标和应用程序名称、当前打开的项目文件路径，以及最小化按钮、最大化按钮和关闭按钮。

标题栏下方是菜单栏，包括"文件""编辑""剪辑""序列""标记""图形""视图""窗口""帮助"9 个菜单项，如图 5-2 所示。

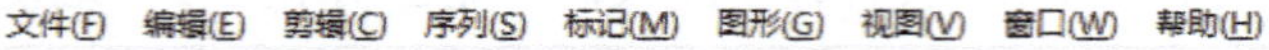

文件(F)　编辑(E)　剪辑(C)　序列(S)　标记(M)　图形(G)　视图(V)　窗口(W)　帮助(H)

图 5-2　菜单栏

每个菜单项下方都包含丰富的菜单命令，从菜单命令的多少可以看出 Premiere 功能的强大。

（一）工作区面板

工作区面板位于 Premiere 菜单栏下方，默认显示 9 种预设的工作区布局：学习、组件、编辑、颜色、效果、音频、图形、字幕、库，如图 5-3 所示。

图 5-3　工作区面板

单击不同的布局模式按钮，可以快速切换工作区布局，满足用户的不同设计需要。

单击左侧"主页"按钮 ⌂，返回主页界面。单击右侧的展开按钮 »，显示如图 5-4 所示的弹出菜单。其中，前 3 项为没有显示在工作区面板上的预设工作区布局。选择"编辑工作区"命令，打开如图 5-5 所示的"编辑工作区"对话框，可以调整工作区布局的排列顺序、设置在界面中显示的工作区布局，以及隐藏指定的工作区布局。

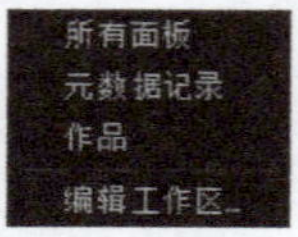

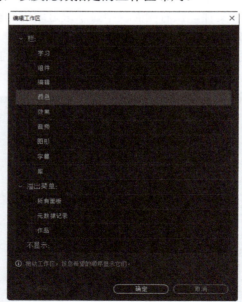

图 5-4　弹出菜单　　　　图 5-5　"编辑工作区"对话框

（二）项目面板

项目面板主要用于导入、存放和管理素材。编辑影片所用的全部素材应事先存放于项目面板内，再进行编辑使用。

项目面板默认以图标视图方式显示素材的缩略图、名称、格式、出入点等信息，如图 5-6 所示。单击面板底部的"列表视图"按钮 ，可切换到列表视图显示素材，如图 5-7 所示。如果素材较多，还可以对素材进行分类编组、重命名，便于查找。

如果项目中包含较多的音频、视频等素材，在面板标题栏上右击，从弹出的快捷菜单中选中"预览区域"命令，此时可单击"播放—停止切换"按钮预览素材，如图 5-8 所示。

图 5-6 图标视图

图 5-7 列表视图

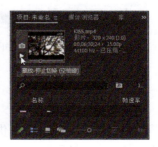
图 5-8 预览素材

（三）时间轴面板

时间轴面板是以轨道的方式编辑素材、组接音视频的主要工具。素材片段按照播放时间的先后顺序及合成的先后层顺序在时间线上从左至右、由上至下排列在各自的轨道上，可以使用各种编辑工具对这些素材进行编辑操作。

时间轴面板分为上下两个区域，上方为时间显示区，如图 5-9 所示。

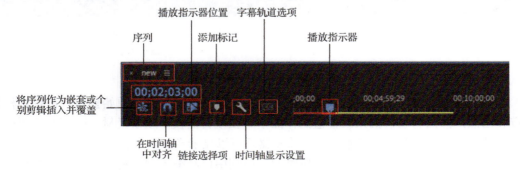
图 5-9 时间显示区

时间轴顶部为时间线，由帧标记和时间标记组成。Premiere 默认以帧的形式显示时间间隔，时间线上的垂直线为帧标记，数字为时间标记。播放指示器是时间线上的蓝色小方块。拖动播放指示器，视频会随着拖动方向向前或向后播放。

时间轴面板的下方区域为轨道区，如图 5-10 所示。视频轨道用于编辑静帧图像、序列、视频等素材；音频轨道用于编辑音频素材。单击轨道左侧的功能按钮，可以对指定的轨道进行相应的操作，如锁定轨道停止使用、限制在修剪期间的轨道转移、隐藏轨道中的素材、录制画外音等。

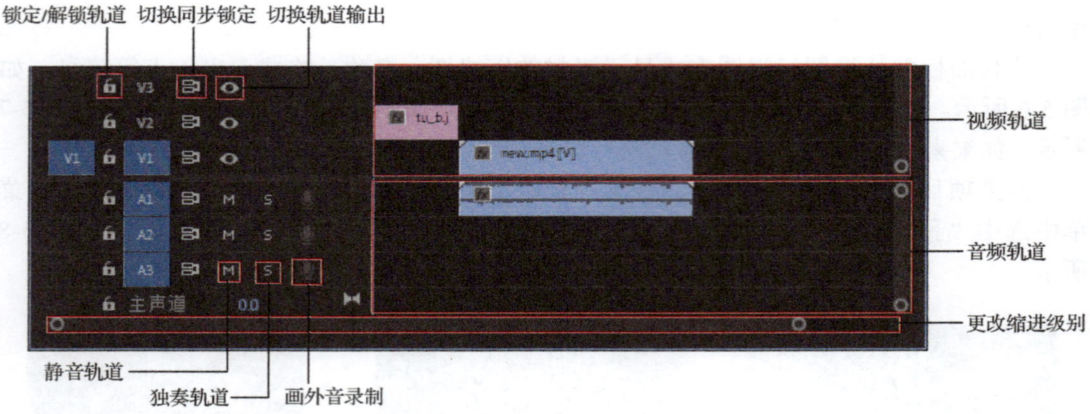

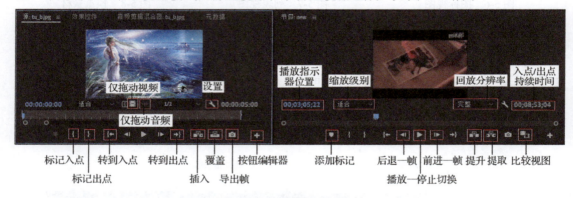

图 5-10　轨道区

（四）监视器面板

Premiere Pro 2022 提供了 3 种不同的监视器面板：源监视器、节目监视器和参考监视器。常用的双显示监视器模式由源监视器和节目监视器组成，如图 5-11 所示。

图 5-11　双显示监视器模式

左侧是源监视器，主要用于预览或剪裁项目面板中选中的某一原始素材，设置素材的入点和出点，然后将它们插入或覆盖到作品中。在项目面板中双击素材，即可在源监视器面板中预览该素材。对于音频素材，源监视器还可以显示音频波形。

右侧是节目监视器，主要用于预览时间轴序列中已经编辑的素材、图形、特效和过渡效果，也是最终输出视频效果的预览窗口。单击"播放—停止切换"按钮▶，或直接按空格键，即可在节目监视器中播放序列。

（五）工具面板

编辑素材文件时，会用到各种绘图工具和编辑工具。在"编辑"工作区布局下，工具面板位于项目面板和时间轴面板之间，如图 5-12 所示。

"选择工具"▶是编辑素材时最常用的工具，可以选择、移动轨道上的素材，调整素材的关键帧，设置素材的入点和出点。

提示：按快捷键 V 可启动"选择工具"，按住 Shift 键，可以在时间轴面板中同时选择多个素材。

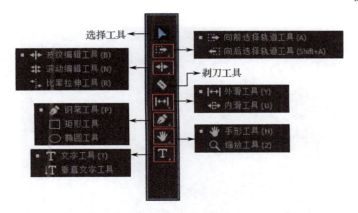

图 5-12　工具面板

使用"向前选择轨道工具"和"向后选择轨道工具"在某一轨道中单击，可以选择该轨道中光标处及按钮箭头方向的所有素材。

"波纹编辑工具"用于编辑素材的入点和出点，相邻素材自动跟进或后退，持续时间不变，但影响整个序列的持续时间。"滚动编辑工具"可更改素材的入点或出点，相邻素材的出入点和持续时间也随之改变，但整个序列的持续时间不变。"比率拉伸工具"可以更改素材的速率，从而改变素材的长度，不影响相邻素材的出入点。

"剃刀工具"用于分割素材，将剪辑后的每一段素材分别进行调整和编辑。

提示：使用"剃刀工具"时按住 Shift 键，可同时剪辑多条轨道上的素材。

"外滑工具"可改变两个素材之间的中间素材的出入点位置，且保持持续时间不变，整个序列的持续时间也不变。与"外滑工具"类似，"内滑工具"也可改变两个素材之间的中间素材的出入点位置，所不同的是，使用"内滑工具"拖动素材时，中间素材的持续时间不变，而相邻素材的持续时间改变。

图形工具组用于绘制图形，包括"钢笔工具"、"矩形工具"和"椭圆工具"。其中，"钢笔工具"可以绘制自由形状，"矩形工具"和"椭圆工具"用于绘制矩形和椭圆。绘制的图形在时间轴面板的空轨道中自动生成为图形素材。

选中"手形工具"后，按下左键拖动，可改变时间轴面板的可视区域，在编辑较长的素材时很方便。选中"缩放工具"后，在轨道上单击，可以缩放时间轴面板中时间单位的显示比例，默认为放大，按住 Alt 键的同时单击则为缩小。

"文字工具"和"垂直文字工具"分别用于在监视器面板中添加横排文字和竖排文字。

二、项目管理

在 Premiere 中，项目是一个包含序列和相关素材，并与其包含的素材之间存在链接关系的文件。项目文件储存了序列和素材的一些相关信息及编辑操作的数据。

1. 新建项目

（1）执行"文件"|"新建"|"项目"命令，弹出如图 5-13 所示的"新建项目"对话框。

启动 Premiere 时，在主页界面中单击"新建项目"按钮，也可以打开"新建项目"对话框。

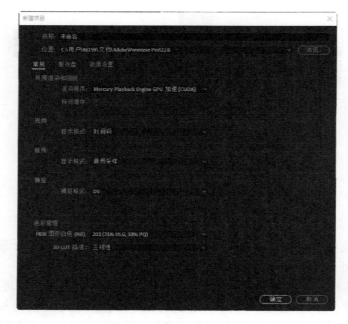

图 5-13 "新建项目"对话框

（2）在"名称"文本框中输入项目名称。

（3）单击"浏览"按钮，选择项目在磁盘上的存储位置。

（4）设置项目常规选项。

➢ 视频显示格式：设置帧在时间轴面板中播放时 Premiere 使用的帧数，以及是否使用丢帧或不丢帧时间码。

➢ 音频显示格式：将音频单位设置为毫秒或音频采样。音频采样是用于音频编辑的最小增量。

➢ 捕捉格式：设置要采集的音频或视频的格式。

（5）切换到"暂存盘"选项卡，设置存放采集的音频、视频的路径，以及放置预演影片和声音的路径。

建议选择一个较大的空间作为媒体暂存盘，并为各种媒体新建专门的文件夹存储缓存。

（6）切换到"收录设置"选项卡，设置项目的收录选项。

（7）设置完成后，单击"确定"按钮，即可进入 premiere 工作界面，并打开新建的项目文件。在标题栏上可以看到项目的完整路径和名称。

2. 打开项目

如果要打开现有的项目文件进行编辑，可执行"文件"|"打开项目"命令，在弹出的"打开项目"对话框中选择项目文件，然后单击"打开"按钮。

启动 Premiere 时，在主页界面中单击"打开项目"按钮，也可以弹出"打开项目"对话框。如果要打开最近编辑过的项目，在主页界面的"最近使用项"列表中，单击需要的项目即可。

3. 保存、关闭项目

在编辑项目的过程中，要养成及时保存项目的好习惯，避免因断电或其他系统故障导致数据丢失。

执行"文件"|"保存"命令，或使用快捷键 Ctrl+S，即可保存当前项目。执行"文件"|"全部保存"命令，可保存打开的所有项目文件。

如果要基于当前项目制作一个类似的项目，可执行"文件"|"保存副本"命令，在弹出的"保存项目"对话框中指定保存路径和项目名称。

项目编辑完成后，可以使用快捷键 Ctrl+Shift+W，或执行"文件"|"关闭项目"命令，及时关闭项目，以免对项目进行误操作。

三、导入素材

创建项目以后，可以将项目需要的素材导入项目面板进行管理。可以通过双击项目面板的空白处导入，或在媒体浏览器中通过浏览素材导入，也可以通过"文件"|"导入"命令导入。

注意：导入项目的素材必须事先保存在磁盘上。

四、序列

创建序列有两种常用的方式：第一种是通过"文件"|"新建"|"序列"命令，在时间轴面板中新建一个空白的序列，可以自定义序列名称和参数；第二种是将项目面板中的素材拖放到时间轴面板中，自动创建一个以素材名称命名的序列。

（1）执行"文件"|"新建"|"序列"命令，打开如图 5-14 所示的"新建序列"对话框。

图 5-14 "新建序列"对话框

（2）在对话框左下角的"序列名称"文本框中输入序列的名称。

（3）在"序列预设"选项卡的"可用预设"列表框中选择序列参数，"预设描述"区域显示相应的说明、编辑模式、音视频设置和色彩空间等默认参数，如图 5-15 所示。

图 5-15　选择预设

（4）切换到"设置"选项卡，可修改预设参数；切换到"轨道"选项卡，可设置视频和音频轨道数；切换到"VR 视频"选项卡，可设置 VR 的投影方式、布局及捕捉的视图。

注意：项目一旦建立，有的设置将无法更改。

（5）单击"确定"按钮，在时间轴面板中即可看到新建的序列，如图 5-16 所示。在项目面板中也可看到新建的序列，如图 5-17 所示。

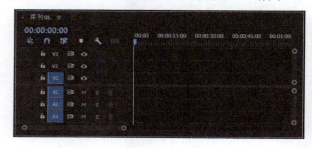　　

图 5-16　时间轴面板中新建的序列　　　　图 5-17　项目面板中新建的序列

除了使用菜单命令创建空白序列，在 Premiere 中，还可以利用现有的媒体素材创建序列。

如果要修改序列参数，可在项目面板中的序列上右击，选择"序列设置"命令，打开如图 5-18 所示的"序列设置"对话框。

下面简要介绍几个常用的选项。

➢ 编辑模式：用于设置时间轴播放方式和压缩方式，下拉列表中的选项由创建序列时"序列预设"选项卡中选定的预设决定。其中，DV 分类有 DV-24P、DV-NTSC 和 DV-PAL 3 种，不同的分类代表不同的制式。DV-24P 预设用于以每秒 24 帧的速率进行逐行扫描拍摄。

➢ 时基：也就是时间基准，决定 Premiere 如何划分每秒的视频帧。DV 项目的时基不能更改，大多数项目的时基应匹配所采集影片的帧频。

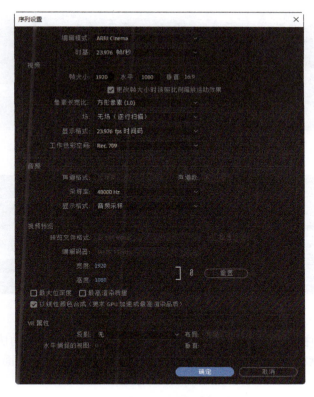

图 5-18 "序列设置"对话框

➢ 帧大小：也就是画幅大小，指项目的画面大小，是以像素为单位的宽度和高度。DV 预设不能更改项目画幅大小。
➢ 像素长宽比：也叫像素纵横比，指图像中一个像素的宽与高的比值，应匹配图像像素的形状。根据编辑模式的不同，"像素长宽比"选项的设置也会有所不同。
➢ 采样率：决定音频品质，其值越高，音质越好。因此，最好将此选项设置为录制时的值。

设置完成后，单击"确定"按钮关闭对话框。
在创建序列时，如果希望设置的参数能用于以后创建的序列，可以保存为自定义序列预设。

五、装配序列

将项目面板中的素材按照顺序分配到时间轴上的操作称为装配序列。

1. 在序列中添加素材

创建序列后，在序列中添加素材有多种方法。

（1）在项目面板中选择素材，将其拖放到时间轴面板的轨道中。例如，在序列中添加音频素材的效果如图 5-19 所示。

（2）对于图片和视频素材，在项目面板中的素材上右击，从弹出的快捷菜单中选择"插入"命令，即可将素材添加到序列中，并插入到播放指示器所在位置的左侧，插入点所在位置的影片将向右移动，如图 5-20 所示。

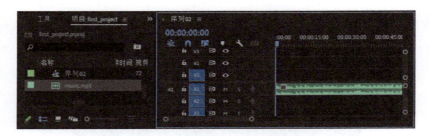

图 5-19 在序列中添加音频素材

图 5-20 在序列中插入素材

（3）对于图片和视频素材，在项目面板中的素材上右击，从弹出的快捷菜单中选择"覆盖"命令，即可将素材添加到序列中，并替换播放指示器所在位置后面的素材，如图 5-21 所示。

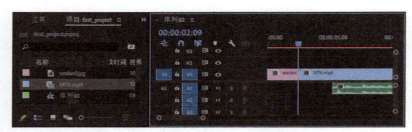

图 5-21 在序列中覆盖素材

提示：如果音视频素材与序列设置不匹配，在序列中添加素材时，会弹出"剪辑不匹配警告"对话框。单击"保持现有设置"按钮即可。

此外，通过复制、粘贴操作也可以很方便地在序列中添加素材。

2．调整素材排列顺序

将素材添加到序列后，有时需要调整素材的组接顺序。调整素材排列顺序的操作很简单，最常用的方法是直接在素材上按下左键，将其拖动到目标位置。但这种方法会在原素材的位置留下空隙，需要再移动其他素材的位置进行调整。

3．修改素材的入点和出点

素材的入点和出点是指素材经过修剪后的开始时间位置和结束时间位置。剪辑素材时，入点和出点之间的素材被保留，其余部分则不显示。

在 Premiere 中，设置素材的入点和出点有两种常用的方法：使用"选择工具"修改入点和出点，将指定时间点位置标记为入点和出点。

如果要清除设置的入点和出点，可执行"标记"|"清除入点和出点"命令；或者在源

监视器面板中单击"按钮编辑器"按钮，在弹出的面板中单击"清除入点"按钮 或 "清除出点"按钮 。

4. 设置序列出入点

在 Premiere 中，除了可以修改素材的出入点组接素材，还可以设置序列的出入点，在渲染输出项目时，只渲染指定范围的内容，以提高渲染速度。

（1）在时间轴面板中打开要设置入点和出点的序列。

（2）在节目监视器面板中单击"播放—停止切换"按钮，预览到要设置为入点的位置，再次单击该按钮暂停，或者直接在时间轴面板中将播放指示器拖放到要设置为入点的时间点，然后单击"标记入点"按钮，即可设置序列入点。在时间轴面板中，在指定的时间点显示入点符号，如图 5-22 所示。

（3）使用上一步的方法浏览到要设置视频出点的位置，单击"标记出点"按钮，即可在指定位置显示出点符号，如图 5-23 所示。

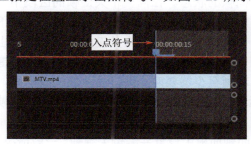

图 5-22　设置入点　　　　图 5-23　设置出点

此时，尽管时间轴上出入点之外的素材区域仍被保留，但可在入点左侧或出点右侧插入其他素材进行组接。例如，在视频素材出点右侧插入图片素材，如图 5-24 所示。

（4）如果要修改设置的入点和出点，可将鼠标指针移到入点符号或出点符号上，当指针显示为 或 时，按下左键拖动到合适位置释放鼠标即可。

（5）设置完成后，按 Enter 键，或执行"序列"| "渲染入点为出点的效果"命令，即可在节目监视器面板中预览指定范围的视频渲染效果。

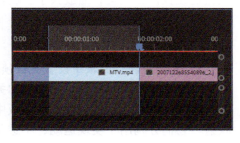

图 5-24　在视频素材出点右侧插入图片素材

任务3　动画制作

任务引入

小李在进行视频处理时发现需要在视频上制作一个小动画。那么，在 Premiere Pro 中怎么制作动画呢？在 Premiere 中制作的动画和在 Animate 中制作的动画有什么差别呢？

知识准备

帧是动画最基本的单位,是动画中的单幅影像画面,相当于电影胶片上的每一格镜头。在动画软件的时间轴上,帧表现为时间轴上的一格或一个标记。对帧的操作事实上就是对时间轴的编辑。

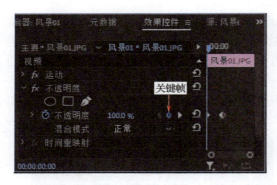

关键帧是指动画中具有关键内容的帧,或者说是能改变动画内容的帧。在效果控件面板中,关键帧显示为 ，如图 5-25 所示。

关键帧动画是所有动画方法的基础,利用关键帧制作动画中对象的关键状态,Premiere 自动通过插帧的办法计算并生成中间帧的状态。在同一个关键帧的区段中,关键帧的内容会保留给它后面的帧,直到下一个关键帧出现。两个关键帧之间的动画由软件创建,称作过渡帧或中间帧。一个关键帧动画至少需要两个关键帧才能构成动画。如果需要制作比较复杂的动画,如动画对象的运动过程变化很多,则可以通过增加关键帧来达到目的。关键帧越多,动画效果就越细致。

图 5-25　关键帧

在 Premiere 中,可以在效果控件面板或时间轴面板中设置并编辑关键帧。一般情况下,具有一维数值属性的参数,如不透明度、音量等在时间轴面板中编辑较方便;二维或多维数值的设置,如位置、缩放大小、旋转角度等在效果控件面板中编辑较方便。

一、设置关键帧

1. 在效果控件面板中设置关键帧

(1) 将播放指示器拖放到要添加关键帧的位置,打开效果控件面板,如图 5-26 所示。

从图中可以看到,效果控件面板中默认包含三组效果控件:运动、不透明度和时间重映射,它们分别用于实现运动、不透明度,以及加速、减速、倒放和静止等效果。其中,运动选项组包含了位置、缩放、缩放宽度、旋转、锚点和防闪烁滤镜等属性。

- ➢ 位置:用于设置素材相对于整个屏幕所在的坐标。在 Premiere Pro 2022 的坐标系中,左上角为坐标原点,向右和向下分别为横轴和纵轴的正方向。调整该参数可创建运动动画。
- ➢ 缩放:用于设置素材的尺寸百分比,默认选中"等比缩放"复选框,约束比例缩放素材尺寸。不选中"等比缩放"复选框时,可调整素材的高度,同时"缩放宽度"选项可用,此时可以单独改变素材的高度或宽度。
- ➢ 旋转:用于调整素材的旋转角度。当旋转角度小于 360°时,参数只有一个;大于 360°时,则属性变为两个参数,第一个用于指定旋转周数,第二个用于指定旋转角度。
- ➢ 锚点:用于设置素材的中心点。调整该参数可创建特殊的旋转效果。
- ➢ 防闪烁滤镜:用于更改防闪烁滤镜在剪辑持续时间内变化的强度。

（2）单击要设置关键帧的属性左侧的"切换动画"按钮，当该按钮显示为蓝色时，即可在指定位置添加一个该属性的关键帧。例如，在素材 1 秒处添加缩放属性的关键帧，将缩放比例设置为 120%，属性右侧显示蓝色的"添加/删除关键帧"按钮，时间轴相应的位置也显示关键帧图标，如图 5-27 所示。

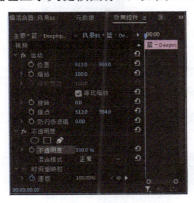

图 5-26　效果控件面板

图 5-27　设置缩放属性关键帧

（3）重复以上步骤，添加其他关键帧。至少要在同一属性中添加两个关键帧，画面才能呈现动画效果。

如果要删除关键帧，先单击"转到上一关键帧"按钮、"转到下一关键帧"按钮定位到指定关键帧，然后单击"添加/移除关键帧"按钮删除指定关键帧。单击"切换动画"按钮，当该按钮显示为灰色时，可关闭指定属性的所有关键帧。

2．在时间轴面板中设置关键帧

（1）在时间轴面板中将播放指示器拖放到要设置关键帧的位置。

（2）拖动轨道之间的分隔线，展开视频轨道 V1，显示关键帧控件。单击"添加-移除关键帧"按钮，即可在指定位置添加一个关键帧，此时素材上显示图形线和关键帧标记，如图 5-28 所示。

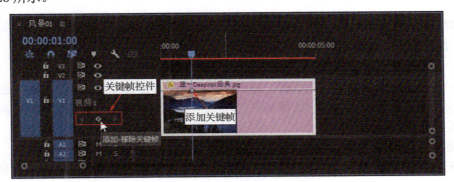

图 5-28　在时间轴面板中添加关键帧

（3）在效果控件面板中修改关键帧的属性值。

提示：Premiere 默认添加不透明度或缩放属性关键帧。

（4）如果要修改关键帧类型，可在时间轴面板中的素材图标上右击，从弹出的快捷菜单中选择帧类型，如图 5-29 所示。

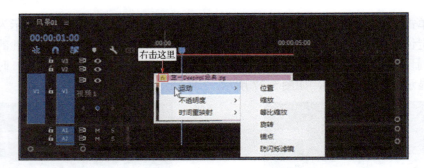

图 5-29　修改关键帧类型

（5）重复以上步骤，设置其他关键帧。在时间轴面板中通过效果图形线可以直观地展现属性值随时间变化的趋势，如图 5-30 所示。

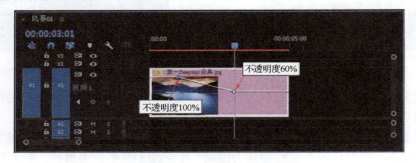

图 5-30　关键帧动画的效果图形线

提示：使用"钢笔工具"也可以在时间线上设置素材的关键帧。选中"钢笔工具"后，将光标移动到效果图形线上要添加关键帧的位置，当鼠标指针显示为 时，单击鼠标，即可添加一个关键帧。

二、复制、移动关键帧

在效果控件面板和时间轴面板中都可以很方便地复制、移动关键帧。

1. 在效果控件面板中复制、移动关键帧

（1）右击要复制的关键帧，从弹出的快捷菜单中选择"复制"命令。

（2）将播放指示器移动到新位置，右击，从弹出的快捷菜单中选择"粘贴"命令。

提示：使用工具面板中的"选择工具" 选中要复制的关键帧，按住 Alt 键拖动，可以复制关键帧。

如果要移动关键帧，在关键帧上按下左键拖动到合适位置释放即可。

提示：如果要同时移动多个关键帧，可按住鼠标左键框选要移动的关键帧，然后按下左键进行拖动。

2. 在时间轴面板中复制、移动关键帧

（1）复制关键帧。在效果图形线上单击选中要复制的关键帧，执行"编辑"|"复制"命令，然后将播放指示器移动到新位置，执行"编辑"|"粘贴"命令。

（2）移动关键帧。在效果图形线上单击要移动的关键帧，按下左键拖动到合适的位置释放即可。使用这种方法移动关键帧，不仅可以修改关键帧的时间位置，还可以修改属性值。

提示：使用"钢笔工具"拖动关键帧，也可以实现移动关键帧的目的。

案例——发光的水晶球

本案例通过为图形添加不透明度属性关键帧和复制关键帧，制作水晶球发光的效果。

（1）使用默认参数新建一个项目"水晶球.prproj"。

（2）在项目面板中导入一幅背景素材和一个动画 GIF 图像，将它们分别拖放到时间轴面板的视频轨道 V1 和 V2，节目监视器面板中的显示画面如图 5-31 所示。

（3）选中水晶球素材，在效果控件面板中设置缩放为 80%，位置为（219，320），如图 5-32 所示。此时节目监视器面板中的显示画面如图 5-33 所示。

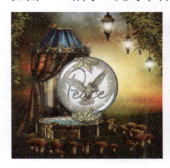  

图 5-31　添加素材的显示效果　　　图 5-32　设置效果参数　　　图 5-33　调整位置和缩放后的效果

（4）在工具面板中单击"椭圆工具"按钮 ○，在节目监视器面板中按住 Shift 键拖动鼠标绘制一个正圆，此时时间轴面板的视频轨道上自动添加一个名为"图形"的素材，如图 5-34 所示。

（5）在工具面板中单击"选择工具"按钮，按住 Shift 键拖动图形变形框顶点上的一个控制手柄，调整圆形的大小与水晶球相当，将图形拖放到水晶球上，如图 5-35 所示。

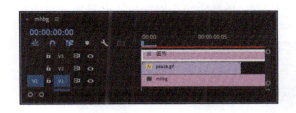 

图 5-34　添加图形素材　　　　　　图 5-35　调整图形位置和大小

提示：为便于对齐圆形与水晶球，可在效果控件面板中修改圆形的不透明度。待位置调整完成后再修改为 100%。

（6）选中图形素材，在效果控件面板中展开"形状"选项组，如图 5-36 所示，单击"填充"左侧的颜色框，打开"拾色器"对话框，在左上角的下拉列表框中选择"径向渐变"，然后单击左侧的色标，设置颜色为#00EEFF；单击右侧的色标，设置颜色为#CCCCCC，如图 5-37 所示。

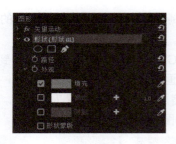 

图 5-36 "形状"选项组　　　　图 5-37 "拾色器"对话框

（7）单击"确定"按钮，关闭对话框。在节目监视器面板中可以看到填充效果，如图 5-38 所示。

（8）默认的填充效果与预期的效果不符，接下来调整填充手柄。使用鼠标分别拖动图形中心点两侧的填充手柄，调整填充颜色，效果如图 5-39 所示。至此，素材制作完成，接下来通过添加关键帧实现发光效果。

图 5-38 图形填充效果　　　　图 5-39 调整填充颜色

（9）选中图形素材，将播放指示器拖放到入点位置，在效果控件面板中设置素材的不透明度为 0.0%，然后单击"切换动画"按钮，设置起始关键帧，在节目监视器面板中可看到关键帧的效果，如图 5-40 所示。

图 5-40 设置起始关键帧

（10）将播放指示器拖放到要设置关键帧的位置，在效果控件面板中修改素材的不透明度为 60%，在节目监视器面板中可看到关键帧的效果，如图 5-41 所示。

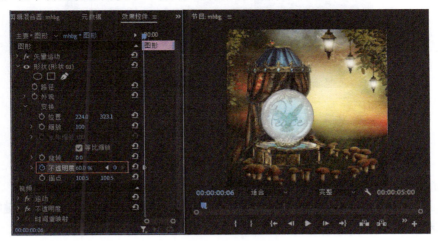

图 5-41　设置关键帧

此时拖动播放指示器可预览水晶球发光的效果。本例中，水晶球素材的持续时间较短，接下来通过复制素材延长水晶球素材的显示时间。

（11）在视频轨道中选中水晶球素材，在按住 Alt 键的同时拖动到素材出点处，复制素材。采用同样的方法复制多段素材，如图 5-42 所示。

（12）为实现水晶球反复发光的效果，接下来复制关键帧。在效果控件面板中使用鼠标框选创建的两个关键帧，在按住 Alt 键的同时拖动到合适的位置后释放，即可复制两个关键帧，如图 5-43 所示。使用同样的方法在其他时间点复制关键帧。

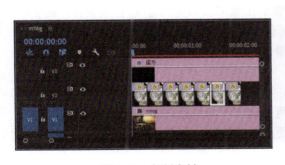

图 5-42　复制素材

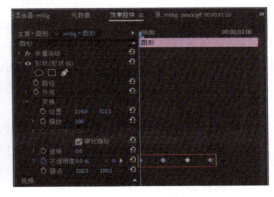

图 5-43　复制关键帧

（13）在工具面板中单击"剃刀工具"按钮，移动光标到水晶球素材的出点，按住 Shift 键单击鼠标，分割视频轨道 V1 和 V3 的素材，如图 5-44 所示。

（14）按键盘上的 V 键切换到"选择工具"，按住 Shift 键单击视频轨道 V1 和 V3 分割点右侧的素材，按 Delete 键删除。

至此，案例制作完成，单击节目监视器面板中的"播放—停止切换"按钮，即可预览动画效果。

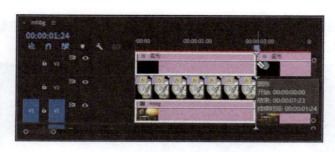

图 5-44 分割多个素材

三、关键帧插值

默认情况下，关键帧之间采用线性插值方式生成中间帧。

事实上，Premiere Pro 2022 还提供了多种非线性的插值方式，可以控制关键帧的变化速度。在关键帧上右击，从弹出的快捷菜单中选择插值方式，如图 5-45 所示。

图 5-45 选择插值方式

- ➢ 线性：在两个关键帧之间进行匀速变化。在效果控件面板中，该类关键帧显示为 ◆ 。
- ➢ 贝塞尔曲线：可以手动调整关键帧任一侧的图像形状和变化速度。在效果控件面板中，该类关键帧显示为 ❚ 。拖动控制手柄可调节曲线两侧，从而改变动画的运动速度。
- ➢ 自动贝塞尔曲线：自动创建速度的平滑变化。在效果控件面板中，该类关键帧显示为 ● 。
- ➢ 连续贝塞尔曲线：与贝塞尔曲线类似，不同的是，连续贝塞尔曲线的两个调节手柄始终在一条直线上；而贝塞尔曲线的两个调节手柄是独立的，可单独调节。
- ➢ 定格：改变属性值不产生渐变过渡，而是快速变化。在效果控件面板中，该类关键帧显示为 ◀ 。
- ➢ 缓入：逐渐减缓速度进入该关键帧。在效果控件面板中，该类关键帧显示为 ❚ 。
- ➢ 缓出：逐渐加快速度离开该关键帧。在效果控件面板中，该类关键帧显示为 ❚ 。

案例——蝶舞翩翩

本案例在节目监视器面板中编辑素材，添加关键帧，并复制、粘贴关键帧，修改关键帧插值方式，制作一个蝴蝶在花丛中飞舞的关键帧动画。通过本案例的步骤讲解，读者可以熟悉多种创建关键帧、复制关键帧，以及修改插值方式的方法。

（1）使用默认参数新建一个项目"蝶舞翩翩.prproj"。在项目面板中导入一幅花田背景素材和一个蝴蝶飞舞的动画 GIF 图像,将它们分别拖放到时间轴面板的视频轨道 V1 和 V2,节目监视器面板中的画面效果如图 5-46 所示。

（2）选中 GIF 动画素材,按住 Alt 键拖动素材,复制多段素材,使两个视频轨道上的素材持续时间相同,如图 5-47 所示。

图 5-46　画面效果

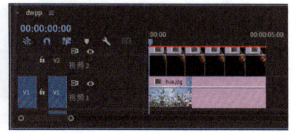

图 5-47　素材序列

（3）选中第一段蝴蝶素材,将播放指示器拖放到素材的入点处,双击节目监视器面板中的素材,拖动到画面右上角,如图 5-48 所示。然后打开效果控件面板,展开"运动"选项组,单击"位置"和"缩放"左侧的"切换动画"按钮，设置初始关键帧。

（4）拖动播放指示器到第一段蝴蝶素材的出点,在节目监视器面板中移动蝴蝶的位置,移动的起止点之间出现一条带有很多端点的线段,这条线段就是蝴蝶的运动路径。在效果控件面板中可以看到,指定位置自动添加一个关键帧,如图 5-49 所示。

图 5-48　动画的初始状态

图 5-49　通过移动添加运动路径和关键帧

提示：运动路径的端点个数代表帧数。如果不是对位置进行插值,则不显示运动路径。

（5）在节目监视器面板中选中蝴蝶,按住 Shift 键的同时拖动变形框顶点上的手柄,缩放蝴蝶。在路径的调节手柄上按下左键拖动,调整路径的曲度和形状,如图 5-50 所示。

（6）按住 Shift 键选中当前时间点的位置和缩放关键帧,右击,从弹出的快捷菜单中选择"复制"命令,复制关键帧。

图 5-50　调整路径

（7）选中第二段蝴蝶剪辑，在入点位置粘贴关键帧，效果如图 5-51 所示。

图 5-51　粘贴关键帧

（8）拖动播放指示器到第二段蝴蝶素材的出点，在节目监视器面板中移动蝴蝶的位置，缩放大小，并调整路径的形状。在效果控件面板中可以看到，指定位置自动添加两个属性关键帧，如图 5-52 所示。

图 5-52　添加属性关键帧

（9）复制当前时间点的位置和缩放关键帧，选中第三段蝴蝶剪辑，在入点位置粘贴关键帧。然后单击"旋转"左侧的"切换动画"按钮，设置旋转初始关键帧，如图 5-53 所示。

图 5-53　设置旋转初始关键帧

（10）拖动播放指示器到第三段蝴蝶素材的出点，在节目监视器面板中移动蝴蝶的位置，调整路径的形状，缩放大小并旋转。在效果控件面板中可以看到，指定位置自动添加 3 个属性关键帧，如图 5-54 所示。

图 5-54　添加 3 个属性关键帧

（11）复制当前时间点的位置、缩放和旋转关键帧，选中第四段蝴蝶剪辑，在入点位置粘贴关键帧，如图 5-55 所示。

图 5-55　粘贴关键帧

（12）拖动播放指示器到第四段蝴蝶素材的出点，在节目监视器面板中移动蝴蝶的位置，调整路径的形状，缩放大小并旋转。在效果控件面板中可以看到，指定位置自动添加 3 个属性关键帧，如图 5-56 所示。

图 5-56　添加 3 个属性关键帧

（13）复制当前时间点的位置、缩放和旋转关键帧，选中第五段蝴蝶剪辑，在入点位置粘贴关键帧。然后拖动播放指示器到第五段蝴蝶素材的出点，在节目监视器面板中移动蝴蝶的位置，调整路径的形状，并缩放大小。在效果控件面板中可以看到，指定位置自动添加两个属性关键帧，如图 5-57 所示。

图 5-57　添加两个属性关键帧

默认情况下，蝴蝶飞舞和缩放的速度是匀速的，本例希望蝴蝶逐渐加速飞离画面，所以接下来要修改关键帧的插值方式。

（14）同时选中当前时间点的位置和缩放关键帧，右击，从弹出的快捷菜单中选择"临时插值"|"缓出"命令，如图 5-58 所示。

（15）为实现蝴蝶飞出画面的效果，删除最后一段蝴蝶素材，此时的时间轴面板如图 5-59 所示。

至此，案例制作完成，单击节目监视器面板中的"播放—停止切换"按钮▶，即可预览动画效果。

项目五
视频技术与应用

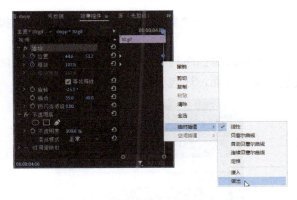

图 5-58　修改插值方式

图 5-59　时间轴面板

任务 4　视频处理

任务引入

在小李采集的视频素材中，有的需要将其中的音频去掉，有的只需要视频文件中的一段，有的需要将多段视频结合在一起形成一个完整视频，还有的需要在视频上添加特效。那么，如何利用 Premiere 完成上述操作，达到小李所需的效果呢？

知识准备

一、剪辑视频

对视频进行剪辑处理可分为粗剪、精剪和完善 3 大步骤。

粗剪是指按事先编写的作品脚本将素材文件进行简单地组接，创建作品的一个雏形，此时可以不考虑配乐、字幕和特效。精剪是在粗剪的基础上对素材进一步进行剪辑，调整镜头、修饰音频、添加字幕和特效。这一步的工作直接影响作品的质量。完善作为影视剪辑的最后一道工序，注重剧情细节和节奏的修整，其重要性不言而喻。

Premiere Pro 2022 提供了丰富、易用的剪辑工具，即便初学者也能轻松上手，快速掌握视频剪辑的操作方法。

案例——取消链接音频和视频

在拍摄的视频中，音频和视频是链接在一起的。如果只希望修剪视频中的画面，可以取消音频和视频的链接。编辑完成后，再重新链接音视频。

（1）执行"文件"|"新建"|"项目"命令，新建一个项目"处理视频素材.prproj"。在项目面板中右击，从弹出的快捷菜单中选择"新建项目"|"序列"命令，新建一个序列，序列预设选择"DV-PAL"|"标准 48kHz"，名称为 ljysp。

（2）在项目面板的空白处双击打开"导入"对话框，导入一个视频素材 fj01.mp4，如图 5-60 所示。在项目面板中可以看到，导入的视频素材的帧速率与序列的帧速率不同。

185

（3）将视频素材拖放到时间轴面板中，此时弹出一个"剪辑不匹配警告"对话框，提示用户导入的剪辑与序列设置不匹配。

（4）单击"保持现有设置"按钮，将视频素材添加到序列中，如图 5-61 所示。在时间轴面板中可以看到，导入的视频素材不仅包含视频画面，还包含音频。

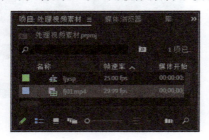 

图 5-60　导入视频素材　　　　　　　　图 5-61　在序列中添加视频素材

（5）在时间轴面板中选中素材，右击，从弹出的快捷菜单中选择"缩放为帧大小"命令，如图 5-62 所示。

在操作中可以看到，单击视频轨道，音频轨道也同时被选中，这是因为素材中的音频和视频是以链接的形式存在的。本例希望只保留素材中的视频画面，方便后期配乐，因此需要删除素材中的音频。

（6）在时间轴面板中的素材上右击，从弹出的快捷菜单中选择"取消链接"命令，如图 5-63 所示。此时，可以单独选中音频或视频。

图 5-62　选择"缩放为帧大小"命令　　　图 5-63　选择"取消链接"命令

提示：如果要将独立的音频和视频重新链接在一起，可按住 Shift 键选中轨道上的音频和视频，右击，从弹出的快捷菜单中选择"链接"命令。

（7）单击音频轨道上的音频，按 Delete 键删除，结果如图 5-64 所示。

图 5-64　删除链接的音频

案例——分割视频

剪辑视频是对视频内容进行取舍的过程。Premiere 提供"剃刀工具" ◆对素材进行分割、剪辑操作。

（1）打开项目，在项目面板中右击，从弹出的快捷菜单中选择"新建项目"|"序列"命令，新建一个序列，序列预设选择"DV-PAL"|"标准48kHz"，名称为fgsp。

（2）在项目面板中导入一段音频素材和一段视频素材，将它们分别拖放到时间标尺起始处的音频轨道和视频轨道上。

序列装配完成后，接下来修剪素材。

（3）在工具面板中选中"剃刀工具" ，将鼠标指针移到音频素材上要修剪的时间点处，本例选择视频素材的出点位置，此时指针显示为 ，如图5-65所示。

（4）单击鼠标，即可在指定位置将音频素材分割为两段，如图5-66所示。

图5-65　选择修剪位置　　　　　　　　图5-66　用剃刀分割音频的效果

（5）将播放指示器拖放到视频的分割点，按住Shift键将鼠标指针移到要分割的位置，指针显示为 ，并显示一条贯穿视频和音频的指示线，如图5-67所示。

（6）单击鼠标，即可沿指示线同时分割视频和音频，如图5-68所示。

图5-67　显示分割指示线　　　　　　　　图5-68　同时分割多个素材

（7）在工具面板中单击"选择工具"按钮 ，按住Shift键单击选中要删除的视频和音频素材，然后右击，在弹出的快捷菜单中选择"波纹删除"命令，如图5-69所示。

此时，在时间轴面板中可以看到，选中的3段素材被删除的同时，其后方的素材自动前移，结果如图5-70所示。

 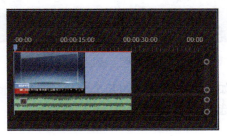

图5-69　选择"波纹删除"命令　　　　　　　　图5-70　波纹删除素材后的效果

案例——设置标记

在编辑素材过程中，有时要返回某个特定的时间点或特定帧进行回放或编辑。为素材的特定帧设置标记，类似于放置一个书签，方便随时访问。

（1）在项目面板中导入一段视频素材，双击添加到源监视器面板中。

（2）在源监视器面板中拖动播放指示器到要添加标记的位置，然后单击"添加标记"按钮，在时间线上方播放指示器的位置显示一个绿色的标记，如图5-71所示。

提示：在标记上双击，可以弹出一个标记窗口，用于设置当前标记的名称和颜色，以便标识。

（3）重复上一步的操作，为视频素材添加其他两个标记，如图5-72所示。

图5-71　添加一个标记　　　　　　　　图5-72　添加其他标记

（4）在源监视器面板右下角单击"按钮编辑器"按钮，打开工具按钮面板。在面板中将"转到上一标记"按钮和"转到下一标记"按钮分别拖放到面板下方的工具栏上，如图5-73所示。

（5）单击"确定"按钮，关闭面板。在源监视器面板中单击"转到上一标记"按钮，即可自动跳转到上一个标记点，如图5-74所示；单击"转到下一标记"按钮，即可自动跳转到下一个标记点。

图5-73　在工具栏上添加工具按钮　　　　图5-74　转到上一标记

如果要清除设置的某个标记，在要删除的标记上右击，从弹出的快捷菜单中选择"清除所选的标记"命令，如图5-75所示。

图 5-75　清除所选的标记

如果要清除素材中的所有标记，在如图 5-75 所示的快捷菜单中选择"清除所有标记"命令。

二、视频过渡

（一）添加过渡

视频过渡是指视频作品中由一个场景切入到另一个场景的过渡效果，它可以将两段素材很好地融合切换。在 Premiere 中，视频过渡可添加在两个素材之间，也可以加在某个素材的首尾部分。

案例——使用效果面板添加过渡

本案例通过在图像素材之间及序列入点与出点添加视频过渡，实现画面的平滑切换。

（1）在项目面板中右击，从弹出的快捷菜单中选择"新建项目"|"序列"命令，新建一个序列，序列预设选择"DV-PAL"|"标准 48kHz"，名称为 spzc。

（2）在项目面板中导入两幅图像素材，将它们拖放到时间轴面板中，如图 5-76 所示。

（3）按住 Shift 键选中序列中的两个素材，右击，从弹出的快捷菜单中选择"缩放为帧大小"命令。

（4）在效果面板的"视频过渡"文件夹中可以看到 Premiere 预置的视频过渡效果，在"溶解"类效果中选择"交叉溶解"，如图 5-77 所示，将"交叉溶解"效果拖放到两个素材的交汇处，即可在两个素材之间添加过渡，如图 5-78 所示。

图 5-76　在序列中添加素材　　图 5-77　选择视频过渡效果　　图 5-78　添加视频过渡

（5）拖动时间轴面板上的播放指示器可预览过渡效果，如图 5-79 所示。

图 5-79 预览"交叉溶解"过渡效果

（6）过渡的默认持续时间为 1 秒，持续时间越长，过渡速度越慢，反之越快。在时间轴面板中选中"交叉溶解"效果，右击，在弹出的快捷菜单中选择"设置过渡持续时间"命令，如图 5-80 所示，弹出"设置过渡持续时间"对话框。

（7）在持续时间数值上按下左键左右移动鼠标，可缩短或增加持续时间，如图 5-81 所示。也可以单击持续时间，在出现的文本框中修改时间。设置完成后，单击"确定"按钮关闭对话框。在时间轴面板上可以看到过渡效果随之缩短或变长。也可以在效果控件面板中更改持续时间。

图 5-80 选择"设置过渡持续时间"命令　　图 5-81 设置过渡持续时间

（8）如果要删除添加的过渡，可单击选中过渡，按下键盘上的 Delete 键或 Backspace 键即可。

除了可以设置两个素材之间的切换效果，还可以在单个素材的开头或结尾处添加视频过渡，创建素材的入场和出场效果。

（二）编辑过渡效果

为素材添加过渡效果后，还可以对效果参数进行编辑，创建独特的过渡效果。

（1）在时间轴面板中选中要编辑参数的效果，切换到效果控件面板，可以查看效果参数，如图 5-82 所示。

提示：选中的过渡效果不同，效果控件面板中显示的参数也不同。

（2）在持续时间数值上按下左键左右移动鼠标，或单击数值，可以修改过渡的持续时间。单击过渡效果的左/右边缘，指针显示为 ▶/◀ 时，按下左键拖动也可很方便地调整过渡持续时间。

图 5-82 查看过渡效果的参数

（3）在"对齐"下拉列表中可以修改过渡与编辑点的对齐方式。在修改持续时间时，不同的对齐方式对素材入点和出点的影响也不相同。其中，"中心切入"和"自定义起点"对入点和出点都有影响；"起点切入"影响出点，"终点切入"影响入点。在时间轴面板中，使用鼠标拖动过渡效果也可以修改对齐方式。

（4）在"开始"和"结束"值上按下左键左右移动鼠标，或拖动图像下方的滑块，可以预览过渡在某个时间点的效果。如果要查看实际素材的过渡效果，选中"显示实际源"复选框。

（5）对于某些过渡效果，单击"自定义"按钮可以设置特定的参数。

三、视频特效

Premiere Pro 2022 在效果面板中提供了丰富、强大的视频预设效果，用于处理视频画面。用户只需要简单的几步操作，就可创建出幻影、扭曲、镜头光晕等广泛应用于视频、电视、电影和广告设计等领域的炫酷效果。

在效果面板"视频效果"文件夹中可以看到预置的视频特效，如图5-83所示。单击效果文件夹左侧的 按钮，可以查看该类效果的列表。

图 5-83 预置的视频特效

- 变换：包含5种变换画面的效果，可以翻转素材画面、羽化边缘和裁剪画面。
- 图像控制：用于平衡素材画面中强弱、浓淡、轻重的色彩关系。
- 实用程序：利用 Cineon 转换器改变画面的明度、色调、高光和灰度等。
- 扭曲：用于对素材画面进行几何变形。
- 时间：用于改变素材画面的帧速率和制作残影效果。
- 杂色与颗粒：用于对画面添加杂色效果。
- 模糊与锐化：用于调整画面的模糊和锐化效果。
- 沉浸式视频：用于创建一种模拟环境的视频效果。
- 生成：创建书写、蜂巢图案、棋盘、填充、镜头光晕、闪电等特殊效果。
- 视频：可调整素材的亮度、对比度及阈值；在素材上显示素材名称和时间码，以及进行文字编辑。
- 调整：可调整素材的色相、饱和度；模拟灯光照射在物体上的效果；调整画面的色阶，或将彩色画面转化为黑白效果。
- 过时：可校正素材画面的亮度、对比度和色阶，添加快速模糊效果。
- 过渡：与视频效果类似，不同的是视频效果中的"过渡"在素材自身图像上进行过渡，而"视频过渡"中对应的"过渡"是在两个素材间进行过渡。
- 透视：用于对素材添加透视效果。
- 通道：可以反转素材颜色值、创建组合素材、混合视频轨道、调整素材的颜色通道，以及设置遮罩、创建移动蒙版效果。
- 键控：预置了几种简单好用的抠像效果，包括颜色键、亮度键、超级键和非红色键。视频抠像原理与抠图类似，将画面中的纯色背景抠除，只保留主体对象，用于后期对视频进行合成处理。
- 颜色校正：校正画面的颜色、亮度、对比度，对色彩进行保留、均衡或更改。
- 风格化：可以在素材上制作发光、浮雕、马赛克、纹理、曝光过度等风格的特殊效果。

将需要的效果拖放到时间轴面板中的素材上，即可为指定的素材添加视频特效。与"视频过渡"类似，添加特效后，使用效果控件面板可以编辑效果参数。

如果要暂时禁用视频效果，可在效果控件面板中直接单击效果名称左侧的"切换效果开关"按钮 fx。也可以选中效果后，单击面板标题栏右侧的选项按钮 ≡，在弹出的菜单中选择"效果已启用"命令。禁用的效果选项灰显，"切换效果开关"按钮显示为 fx，再次选择"效果已启用"命令，可重新启用效果。

如果要删除某个应用的效果，可在效果控件面板中选中对应的效果，直接按 Delete 键删除；也可以单击面板标题栏右侧的选项按钮 ≡，在菜单中选择"移除所选效果"命令。

如果要批量删除添加到某个素材上的多个效果，可在菜单中选择"移除效果"命令，打开"删除属性"对话框，在"效果"列表框中选中要删除的效果，然后单击"确定"按钮。

四、合成

合成是指将不同轨道的素材进行叠加，通过调整不透明度、混合模式，或者键控抠像、使用蒙版，制作更具视觉冲击力的画面效果。

在 Premiere 中，利用效果控件面板中的"不透明度"选项组和视频效果中的"键控"效果，可轻松地将多个轨道上的素材进行合成，制作出具有设计感的画面。

（一）设置不透明度

在影视作品后期处理中，通过调整不同视频轨道上的素材的不透明度，可以对素材进行叠加。在时间轴面板和效果控件面板中都可以很方便地调整不透明度。

在效果控件面板的"不透明度"选项组中直接输入不透明度值，或在不透明度数值上按下鼠标左键左右移动，或拖动滑动条上的滑块，均可很方便地调整素材的不透明度，如图 5-84 所示。

在时间轴面板中，展开视频轨道，在素材上可以看到用于调整素材不透明度的效果线，如图 5-85 所示。将鼠标指针移到效果线上，按下左键上下拖动，即可调整素材的不透明度，指针下方显示不透明度的值，如图 5-86 所示。

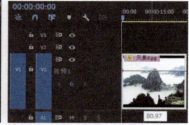

图 5-84　设置不透明度参数　　　图 5-85　不透明度效果线　　　图 5-86　拖动效果线调整不透明度

（二）设置混合模式

在 Premiere 中，使用混合模式可以自由发挥创意，改变两个或两个以上重叠素材的不透明度或者颜色关系，制作出层次丰富、效果奇特的合成图像。

一个混合模式包含 4 种元素：源颜色、不透明度、基础颜色和结果颜色。

➢ 源颜色：应用混合模式的素材已有的颜色。

➢ 不透明度：应用于混合模式的素材不透明度。

➢ 基础颜色：源素材下方的合成素材的颜色。
➢ 结果颜色：混合后的输出色彩效果。

对于任何混合模式来说，必须有至少两个包含素材的视频轨道。混合模式就像调酒，将多种原料混合在一起产生更丰富的口味。至于口味的口感、浓淡，取决于放入各种原料的多少及调制的方法。因此，混合模式的结果取决于每一个素材中的像素如何通过选择的模式发生变化。

在效果控件面板的"不透明度"选项组的"混合模式"下拉列表中，可以看到 Premiere 提供了丰富的混合模式。

注意：同一种混合模式产生的效果可能会不大相同，具体情况取决于混合的素材颜色和不透明度。因此，要调制出理想的图像效果，可能需要多次试验素材的颜色、不透明度以及混合模式。

（三）利用键控合成

利用"键控"效果中的 Alpha 调整和轨道遮罩键可以为素材添加特效，对相邻轨道的素材进行合成。

应用 Alpha 调整效果可根据参考画面的灰度等级决定应用该效果的素材的叠加效果。

应用轨道遮罩效果需要两个素材和一个遮罩，每个素材位于各自的轨道中，使用遮罩在叠加的素材中通过亮度值定义蒙版层的透明度。遮罩中的白色区域在叠加的素材中不透明，遮罩中的黑色区域透明，灰色区域半透明。

案例——制作海底探秘

本案例利用轨道遮罩效果制作通过放大镜查看海底世界的效果。

（1）使用默认参数新建一个项目"海底探秘.prproj"。在项目面板中导入一幅鱼群素材、一幅深海素材和一幅放大镜素材，将它们分别拖放到时间轴面板的视频轨道 V1、V2 和 V3，如图 5-87 所示。

图 5-87　在时间轴面板中添加素材

此时节目监视器面板中的显示画面如图 5-88 所示。

（2）在工具面板中单击"椭圆工具"按钮 ⬤，在节目监视器面板中绘制一个圆形，调整其大小与放大镜的镜片相同。然后打开效果控件面板，将图形的填充颜色修改为黑色，如图 5-89 所示。此时时间轴面板上自动新增一个视频轨道放置图形素材。

（3）选中图形，按 **Ctrl+X** 键剪切图形，并删除轨道上的图形素材。在工具面板中选择"矩形工具"按钮 ▢，在节目监视器面板中绘制一个足够大的矩形，修改填充颜色为白色，然后按 **Ctrl+V** 粘贴黑色圆形，如图 5-90 所示。

 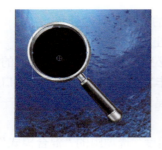

图 5-88　初始叠加效果　　　　图 5-89　填充颜色　　　　图 5-90　创建遮罩素材

（4）打开效果面板，将"视频效果"|"键控"|"轨道遮罩"效果拖放到深海素材上。然后打开效果控件面板，设置遮罩为"视频 4"，合成方式为"亮度遮罩"。此时节目监视器面板中的画面效果如图 5-91 所示。

（5）将播放指示器拖放到第 1 帧位置，选中遮罩素材，在效果控件面板中单击"位置"左侧的"切换动画"按钮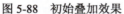，设置起始关键帧。然后选中放大镜素材，使用同样的方法设置位置属性起始关键帧。

（6）将播放指示器拖放到合适位置，选中遮罩素材，在效果控件面板中修改"位置"参数，设置关键帧，如图 5-92 所示。

（7）选中放大镜素材，在效果控件面板中修改"位置"参数，移动素材，设置关键帧，如图 5-93 所示。

图 5-91　轨道遮罩效果　　　　图 5-92　移动遮罩素材　　　　图 5-93　移动放大镜素材

（8）将播放指示器拖放到合适位置，按照第（6）步和第（7）步的方法移动遮罩素材和放大镜素材的位置，设置关键帧，如图 5-94 所示。

图 5-94　设置关键帧

至此，案例制作完成。读者也可以设置更多的关键帧，细化动画效果。

（9）将播放指示器拖放到第 1 帧位置，按空格键，即可预览合成效果。

（四）使用蒙版

蒙版可以理解为选框的外部，使用蒙版可以在素材中定义要应用效果或显示的特定区域，通常用于制作精美的合成影像。

在效果控件面板中，展开效果选项，可以看到 Premiere 提供了 3 种创建蒙版的形状工具："创建椭圆形蒙版"、"创建 4 点多边形蒙版"和"自由绘制贝塞尔曲线"，如图 5-95 所示。

图 5-95 创建蒙版的形状工具

在需要添加蒙版的素材上单击蒙版创建工具，即可创建蒙版。

（五）跟踪蒙版

在 Premiere 中，将蒙版应用到对象后，蒙版将自动跟随对象，可跟随对象从一帧移动到另一帧。例如，使用蒙版马赛克某个人物脸部之后，可自动跟踪遮挡人物移动时的面部位置。

在效果控件面板中展开"蒙版"选项组，利用如图 5-96 所示的蒙版跟踪工具可对蒙版进行跟踪设置。

利用跟踪工具跟踪蒙版时，可选择一次跟踪一帧，也可选择一直跟踪到序列结束。单击"跟踪方法"按钮，在弹出的菜单中可以选择跟踪蒙版的方式，如图 5-97 所示。

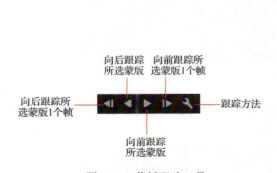

图 5-96 蒙版跟踪工具

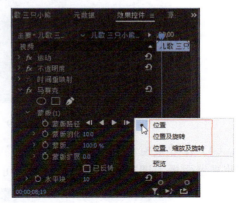

图 5-97 选择跟踪蒙版的方式

➢ 位置：在帧之间只跟踪蒙版位置。

➢ 位置及旋转：在跟踪蒙版位置的同时，根据各帧的需要更改旋转情况。

➢ 位置、缩放及旋转：在跟踪蒙版位置的同时，随着帧的移动而自动缩放和旋转。

默认情况下，实时预览功能被禁用，以更快地进行蒙版跟踪。如果要启用实时预览功能，可在如图 5-97 所示的菜单中选中"预览"选项。

案例——模糊特定区域

本案例为视频素材添加"相机模糊"效果，通过设置蒙版模糊指定人物的面部，然后向前跟踪蒙版，模糊视频素材其他帧中的人物面部。

（1）使用默认参数新建一个项目"跟踪模糊.prproj"。在项目面板中导入一段视频素材，将它拖放到时间轴面板的视频轨道 V1。

本例中部分时间段的素材不包含指定人物，因此可以先分割视频素材，便于后面的操作。

（2）将播放指示器拖放到要分割的时间点上，在工具面板中选择"剃刀工具" ，按住 Shift 键分割素材，效果如图 5-98 所示。

图 5-98　分割素材

（3）选中包含特定人物的素材片断，在效果面板中将"相机模糊"效果拖放到素材上，效果参数保留默认设置，如图 5-99 所示。

图 5-99　为素材添加效果

（4）在效果控件面板的"相机模糊"选项组中单击"创建椭圆形蒙版"按钮 ，在节目监视器面板中调整蒙版大小和位置，可以看到只有蒙版区域显示效果，如图 5-100 所示。

图 5-100　添加蒙版

（5）单击"跟踪方法"按钮 ，在弹出的菜单中选择"位置、缩放及旋转"选项。

（6）单击"向前跟踪所选蒙版"按钮 ，在效果控件面板中可以看到自动添加了关键帧，如图 5-101 所示。此时弹出"正在跟踪"对话框，并显示处理进度。

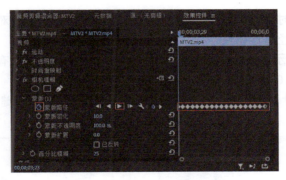

图 5-101　向前跟踪所选蒙版

（7）在节目监视器面板中拖动播放指示器，可以看到蒙版自动调整位置、大小遮挡特定区域，如图 5-102 所示。

图 5-102　蒙版跟踪效果

（8）选中要模糊特定人物面部的素材片断，在效果面板中将"相机模糊"效果拖放到素材上，效果参数保留默认设置。然后在"相机模糊"选项组中单击"创建椭圆形蒙版"按钮 ⬤，在节目监视器面板中调整蒙版大小和位置，如图 5-103 所示。

图 5-103　添加蒙版并调整蒙版大小和位置

（9）单击"跟踪方法"按钮 🔧，在弹出的菜单中选择"位置、缩放及旋转"选项。然后单击"向前跟踪所选蒙版"按钮 ▶，自动添加关键帧。在节目监视器面板中拖动播放指示器，可以看到蒙版自动调整位置、大小遮挡特定区域，如图 5-104 所示。

图 5-104　蒙版跟踪效果

在创建蒙版跟踪时，蒙版不一定能完全按照预期的路径对特定对象进行跟踪，可以通过移动蒙版对蒙版路径进行调整。

（10）移动播放指示器，可以看到蒙版的位置在有些时间点并没有按照预期的路径跟踪到特定位置，如图 5-105 所示。

（11）将鼠标指针移到蒙版上，当指针显示为🖐时，按下左键移到特定的位置，如图 5-106 所示。

图 5-105　查看蒙版位置　　　　　　　图 5-106　移动蒙版

（12）单击"向前跟踪所选蒙版"按钮▶，自动添加关键帧。在节目监视器面板中拖动播放指示器，可以看到蒙版自动调整位置、大小和旋转角度遮挡特定区域，如图 5-107 所示。

图 5-107　预览蒙版效果

至此，案例制作完成。将播放指示器拖放到第 1 帧处，按空格键，即可预览跟踪蒙版的效果。

五、音频特效

图 5-108　预置的音频特效

Premiere 在效果面板的"音频效果"文件夹中预置了丰富的音频特效，如图 5-108 所示。对音频素材应用音频特效，只需要简单几步，就可创建常见的音效，如淡入淡出、摇摆、回声、混音等。

将需要的效果拖放到时间轴面板中的音频素材上，即可为指定的素材添加音频特效。与视频特效类似，添加特效后，使用效果控件面板可以编辑效果参数。

案例——音乐厅环绕声混响

本案例通过为音频素材应用"环绕声混响"效果，介绍为素材添加音频特效的方法。

（1）在项目面板中右击，从弹出的快捷菜单中选择"新建项目"|"序列"命令，新建一个序列，序列预设选择"DV-PAL"|"标准 48kHz"，名称为 hrs。

（2）在项目面板中导入 4 幅背景素材和一段音频素材，将它们分别拖放到时间轴面板的视频轨道和音频轨道中，如图 5-109 所示。

（3）按住 Shift 键选中视频轨道上的 4 个图像素材，右击，从弹出的快捷菜单中选择"速度/持续时间"命令，打开"剪辑速度/持续时间"对话框。设置剪辑的持续时间为 1 分钟，并选中"波纹编辑，移动尾部剪辑"复选框，如图 5-110 所示，然后单击"确定"按钮关闭对话框。

图 5-109　在序列中添加素材

图 5-110　设置剪辑持续时间

提示：将速度设置为负值，或选中"倒放速度"复选框，可以反向播放序列。

（4）保留图像素材的选中状态，拖放图像素材，使图像素材的出点与音频素材的出点位置对齐。然后执行"序列"|"应用默认过渡到选择项"命令，在相邻的素材之间以及第一个素材的开头和最后一个素材的末尾添加"交叉溶解"视频过渡，如图 5-111 所示。

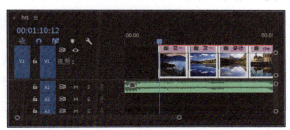
图 5-111　应用默认视频过渡

如果要在素材之间添加其他的视频过渡，可以先将指定的视频过渡设置为默认过渡，然后执行"应用默认过渡到选择项"命令，或直接按 Shift+D 组合键应用视频过渡。

从图中可以看出，音频素材的持续时间比视频轨道上的素材持续时间长，接下来修剪音频素材。

（5）选中音频素材，在工具面板中单击"剃刀工具"按钮 ，将鼠标指针移到图像素材的开始处单击，从指定位置分割音频，如图 5-112 所示。

图 5-112　分割音频

（6）在工具面板中选中"选择工具"按钮 ▶，选中左侧的音频片断，右击，从弹出的快捷菜单中选择"波纹删除"命令。视频轨道和音频轨道上的素材自动向左移动到时间轴的开头，如图 5-113 所示。

（7）打开效果面板，将"音频效果"|"混响"|"环绕声混响"效果拖放到音频素材上，添加默认的环绕声混响效果。切换到效果控件面板，可以看到添加的效果参数，如图 5-114 所示。

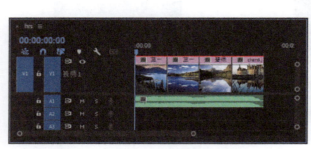

图 5-113 波纹删除效果　　　　　　　　　　图 5-114 效果参数

（8）单击效果控件面板右下角的"仅播放该剪辑的音频"按钮 ♪，可以试听当前选中素材的音频效果。如果作品中包含多个音频素材，则利用该命令可以很便捷地试听各段音频的效果。

如果要循环回放试听音频效果，选中"切换音频循环回放"按钮 ↻，然后单击"仅播放该剪辑的音频"按钮 ♪。

（9）单击"自定义设置"右侧的"编辑"按钮，打开"剪辑效果编辑器"对话框。在"混响设置"区域的"脉冲"下拉列表中选择"大型音乐厅"，如图 5-115 所示。根据需要还可以设置脉冲参数，本例保留默认设置。

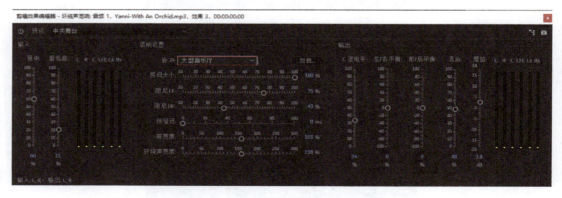

图 5-115 "剪辑效果编辑器"对话框

（10）设置完成，单击对话框右上角的"关闭"按钮 ✕，关闭对话框。在节目监视器面板中单击"播放—停止切换"按钮 ▶，即可预览效果。

任务 5 字幕制作

任务引入

小李已经将音频、动画及视频导入到 Premiere 中，他想给声音旁白加上字幕使视频看起来更直观。那么，在 Premiere 中怎么添加与音频同步的字幕呢？

知识准备

字幕是影视制作中一种很重要的信息表现方式，是指以文字形式显示在电影银幕或电视机荧光屏下方的解说文字及说明性文字，也泛指影视作品后期加工的文字，如影片的片名、演职员表、唱词、对白，以及人物介绍、地名和年代等。

一、预设字幕

Premiere 预置了一些字幕样式，直接调用就可创建精美的字幕。

（1）执行"窗口"|"基本图形"命令，在打开的基本图形面板中可以看到预置的字幕和图形对象，如图 5-116 所示。

（2）在"浏览"选项卡中，将需要的预设字幕拖放到时间轴面板的视频轨道中，开始加载动态图形模板。

（3）加载完成后，即可在节目监视器面板中查看预设字幕的效果，如图 5-117 所示。

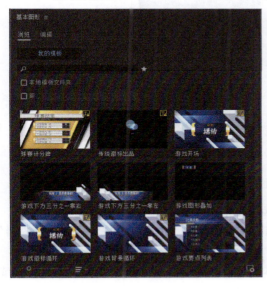 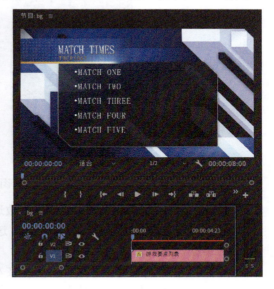

图 5-116　基本图形面板　　　　　　图 5-117　查看预设字幕的效果

（4）在工具面板中选择"文字工具"按钮 T，在要修改的文字上单击，即可在显示的文字框中修改文字，如图 5-118 所示。修改后的效果如图 5-119 所示。

（5）切换到基本图形面板的"编辑"选项卡，也可以很方便地修改预设字幕的文本内容、样式，还能修改动画速度和隐藏背景。

图 5-118　修改字幕内容　　　　　图 5-119　修改后的字幕

二、使用文本工具创建字幕

Premiere 在工具面板中提供了"文字工具" T ，利用该工具可以直接在节目监视器中创建横排字幕和竖排字幕。

（1）在工具面板中单击"文本工具"按钮 T ，在节目监视器面板中单击添加一个具有红色边线的文本框，在文本框中输入文本即可。

（2）执行"窗口"|"基本图形"命令，打开基本图形面板，在"编辑"选项卡下可以很方便地修改预设字幕的文本内容、样式，如图 5-120 所示。可编辑的部分属性如下。

图 5-120　基本图形面板"编辑"选项卡

- 文本：从下拉列表中选择字体，更改选定文本的字体。
- 填充：勾选此选项，更改文本颜色。选取文本，单击"填充"色块，打开"拾色器"对话框，选取颜色。
- 描边：勾选此选项，不仅可以更改文本的边框，还可以更改描边宽度、描边样式或向文本添加多种描边，从而生成酷炫的效果。
- 背景：勾选此选项，不仅可以更改文本的背景，还可以调整背景的不透明度和大小。
- 阴影：勾选此选项，不仅可以更改文本的阴影，还可以调整各种阴影属性，如距离、角度、大小等。

三、创建字幕

（1）单击"字幕"工作区，在文本面板中包含"转录文本"和"字幕"两个选项卡，如图 5-121 所示。在"字幕"选项卡下创建和编辑字幕文本。

（2）单击"创建新字幕轨"按钮，打开"新字幕轨道"对话框，选择"EBU 字幕"格式，如图 5-122 所示，单击"确定"按钮，在时间轴面板上创建 EBU 字幕轨道，如图 5-123 所示。

图 5-121　文本面板

图 5-122　"新字幕轨道"对话框

（3）将播放指示器放置在第一段对话的开头，单击文本面板中右侧的按钮 ，打开如图 5-124 所示的下拉菜单，选择"添加新字幕分段"命令，在列表框中添加空白字幕，如图 5-125 所示。

图 5-123　创建 EBU 字幕轨道

图 5-124　下拉菜单

图 5-125　添加空白字幕

（4）双击文本面板或节目监视器中的"新建字幕"以开始编辑字幕，然后输入字幕文本。

（5）采用相同的方法添加其他字幕分段。

（6）系统默认字幕的显示时间为 3 秒，在字幕轨道上将鼠标指针移到入点符号或出点符号上，移动鼠标，更改字幕的出入点，如图 5-126 所示。

图 5-126　更改字幕的出入点

（7）选择字幕轨道上的一条字幕，在基本图形面板的"编辑"选项卡中更改字体属性、字幕的位置及文本外观，如图 5-127 所示。

（8）单击时间轴面板上的"字幕轨道选项"按钮 CC，打开如图 5-128 所示的菜单，隐藏或显示字幕轨道。

（9）如果要删除字幕，可在文本面板中选择字幕，右击，从弹出的快捷菜单中选择"删除文本块"命令，如图 5-129 所示。

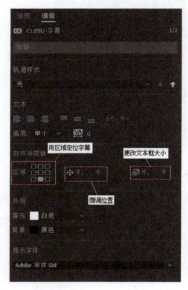  

图 5-127　基本图形面板"编辑"选项卡　　图 5-128　"字幕轨道选项"菜单　　图 5-129　删除字幕

（10）如果要将创建的字幕导出为字幕素材，应用到其他软件中，可在图 5-124 所示的菜单中选择"导出到文本文件"命令，打开"另存为"对话框，指定字幕文件的保存路径和名称，然后单击"保存"按钮，即可在指定位置导出字幕。

案例——诗文

本案例为唐诗《池上》配音创建字幕，通过调整字幕中子字幕的持续时间，实现字幕与音频同步。

（1）使用默认参数新建一个项目"诗文配音.prproj"。在项目面板中导入一张背景图像素材和一段诗文音频素材，将它们分别拖放到视频轨道 V1 和音频轨道 A1。

（2）切换到"字幕"工作区，在工具面板中单击"剃刀工具"，分割音频，如图 5-130 所示。然后选中分割点右侧的音频片断，按 Delete 键删除。

（3）将鼠标指针移到图像素材出点位置，当指针显示为 时，按下左键向右拖动，使音频和视频轨道上的素材持续时间相同,如图5-131所示。

图5-130 分割音频

图5-131 调整素材的持续时间

(4)在文本面板中单击"创建新字幕轨"按钮,打开"新字幕轨道"对话框,选择"副标题"格式,如图5-132所示,单击"确定"按钮,在时间轴面板上创建副标题轨道,如图5-133所示。

图5-132 "新字幕轨道"对话框

图5-133 新建轨道

(5)将播放指示器放置在第一段对话的开头,单击文本面板中右侧的按钮,在打开的下拉菜单中选择"添加新字幕分段"命令,在列表框中添加空白字幕,输入字幕文本,如图5-134所示。

图5-134 输入字幕文本

(6)在基本图形面板的"编辑"选项卡中设置字体为隶书,字号为120,对齐方式为居中。勾选"填充"选项,并设置文本颜色;勾选"描边"选项,设置颜色为墨绿色,描边大小为12。然后单击"打开字幕位置块"图标中间的小方格,使字幕在屏幕上居中对齐,如图5-135所示。效果如图5-136所示。

图 5-135　设置文本参数

图 5-136　字幕效果

（7）拖动子字幕的入点和出点，修改子字幕的开始时间点和持续时间，使字幕与音频时间相同，如图 5-137 所示。

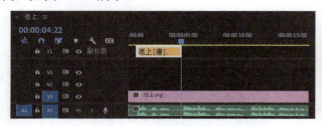

图 5-137　更改字幕时间

（8）将播放指示器放置在第二段话的开头，单击文本面板中右侧的按钮 ，在打开的下拉菜单中选择"添加新字幕分段"命令，在列表框中添加空白字幕，输入字幕文本，如图 5-138 所示。

图 5-138　输入字幕文本

（9）在基本图形面板的"编辑"选项卡中设置字体为隶书，字号为 80，描边颜色为黑色，大小为 10，背景颜色为白色，不透明度为 40%，单击"打开字幕位置块"图标底部中间的小方格 ，使字幕在屏幕底部居中对齐，如图 5-139 所示。字幕的效果如图 5-140 所示。

（10）采用相同的方法，继续添加字幕。根据音频拖动子字幕的入点和出点，修改子字幕的开始时间点和持续时间，如图 5-141 所示。

项目五
视频技术与应用

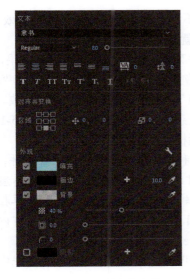

图 5-139　设置文本参数

图 5-140　字幕效果

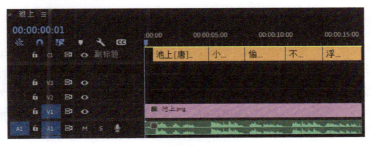

图 5-141　调整字幕的持续时间

（11）打开效果面板，将视频过渡中的"Split"效果拖放到背景素材的入点。

至此，案例制作完成。将播放指示器拖放到时间轴的起始处，按空格键，即可预览效果。

任务 6　输出

任务引入

小李已经根据需要制作好了视频，但是该视频不能占满课件的页面，只能放在课件的右下角。怎么将视频输出为.mp4 文件呢？怎么将大尺寸视频文件输出成小尺寸的视频文件呢？

知识准备

一、渲染影片

渲染影片是指用软件将构成影片的每个画面逐帧进行计算，以可以播放的格式呈现应用的效果。在节目监视器面板中预览作品效果是最简单常用的一种渲染方式。

根据渲染的内容不同，Premiere 支持两种渲染方式：实时渲染和生成渲染。

在对素材应用视频效果、过渡效果，设置运动和不透明度属性，以及设置字幕效果时，不需要进行生成工作，即刻就可看到应用的效果，这就是实时渲染。

如果要预览序列中的部分或所有内容和效果，则需要进行生成渲染。例如，直接按 Enter 键，或执行"序列"|"渲染入点到出点"命令，即可渲染序列并播放。如果序列中的素材较复杂，生成渲染时会显示如图 5-142 所示的"渲染"对话框，显示渲染进度。

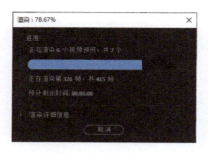

图 5-142 "渲染"对话框

提示：上述两种渲染方式都会生成渲染文件，并自动保存在创建项目时指定的暂存盘中。为提高渲染速度，建议选择空间较大的本地硬盘分区。在菜单栏中选择"文件"|"项目设置"|"暂存盘"命令，可以修改暂存盘的路径。如果没有保存项目文件，退出 Premiere 后，将自动删除渲染文件。

渲染影片时，默认渲染整个序列的素材。用户也可根据需要渲染部分序列、选中的素材或音频。

案例——渲染入点到出点

尽管使用生成渲染需要花费时间，但播放时视频的质量较高，便于检查作品细节，因此在预览较复杂的影片时，可以选择作品的部分内容进行生成渲染，检查是否符合预期效果。

本案例通过指定序列的入点和出点，仅渲染序列中指定范围的素材和效果。

（1）打开项目"渲染入点到出点.prproj"，加载要渲染的序列。如果时间轴下方素材上方显示红线，则表示素材不能以正常的帧速率播放，如图 5-143 所示。

图 5-143 要渲染的序列

（2）在时间轴面板中将播放指示器拖放到要渲染的起点位置，在节目监视器面板中单击"标记入点"按钮，继续拖动播放指示器到要渲染的结束位置，单击"标记出点"按钮，设置序列的出入点，时间轴上显示出入点标记，如图 5-144 所示。

（3）执行"序列"|"渲染入点到出点"命令，弹出"渲染"对话框，显示渲染进度，如图 5-145 所示。

图 5-144 标记序列出入点　　　　　图 5-145 显示渲染进度

（4）渲染完成后，在节目监视器面板中自动播放渲染后的效果，生成的渲染文件暂存在指定的暂存盘文件夹中。在时间轴面板中可以看到，出入点之间的时间轴下方的红线变为绿线，表示相应的素材已经生成了渲染文件，如图 5-146 所示。

图 5-146　生成了渲染文件的时间轴

二、预览输出

作品完成渲染后，还要进行输出，发布为需要的文件格式，得到最终作品。Premiere 支持多种输出格式，以便在不同平台发布、观看作品。

选择"文件"|"导出"命令，在如图 5-147 所示的子菜单中可以看到，Premiere 提供了多种项目输出类型。其中，"媒体"选项是最常用的输出类型，用于导出影片文件。

1. 导出预览

在时间轴面板中选中要导出的序列，执行"文件"|"导出"|"媒体"命令，打开"导出设置"对话框，如图 5-148 所示。

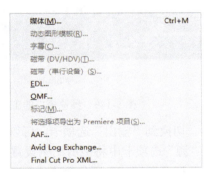

图 5-147　项目输出类型

图 5-148　"导出设置"对话框

左侧为导出预览区域，是渲染文件时的预览窗口，包含"源"和"输出"两个选项卡。

右侧从上至下分别为导出设置区域、扩展参数区域和其他参数区域。

在预览窗口下方的工具面板（如图 5-149 所示）中，可以设置影片的导出范围、调整素材在屏幕上的显示比例、校正素材文件的纵横比。

在导出预览区域选择"源"选项卡，可以预览源文件效果。单击左上角的"裁剪输出视频"按钮 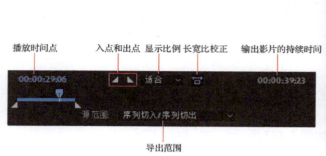，预览窗口中显示裁剪框，参数变为可编辑状态。拖动框线或修改参数可以裁剪预览窗口中的素材。如果要将素材裁剪为某种标准的长宽比例，在"裁剪比例"下拉列表中选择一种即可，如图 5-150 所示。

图 5-149　预览窗口的工具面板　　　　图 5-150　设置裁剪比例

切换到"输出"选项卡，可以预览基于"源"选项卡中的当前设置的视频效果。例如，在"源"选项卡中将裁剪比例设置为 16∶9，在"输出"预览窗口中的效果如图 5-151 所示。

在"源缩放"下拉列表中可以设置素材在预览窗口中的呈现方式，如图 5-152 所示，默认为"缩放以适合"。

图 5-151　"输出"预览窗口中的效果　　　图 5-152　设置源缩放格式

2．设置导出参数

在"导出设置"对话框的预览区域设置完要导出的序列范围、画面尺寸和呈现方式后，就可以设置导出参数了。

（1）在"导出设置"区域的"格式"下拉列表中选择导出影片的格式。

Premiere 可以将影片导出为各种图片和视频格式。选择格式时，应根据最终需求和目的选择合适的格式。如果希望输出文件后可继续进行编辑，一般选择 QuickTime；如果希望能直接观看或发布到视频网站，一般选择 H.264；如果输出的文件用于电视标清播出，则选择 PAL DV 格式。

（2）选中一种格式后，在"预设"下拉列表中可以设置相应的编码配置，如图 5-153 所示。

如果对预设进行了更改，则可利用"保存预设"按钮 将当前预设参数保存为预设，以便以后使用。

自定义预设后，单击"导入预设"按钮 ，可以加载自定义的预设文件。单击"删除预设"按钮 ，可删除已加载的自定义预设。

（3）单击"输出名称"右侧的值区域，打开"另存为"对话框，可以修改影片的导出名称和存储路径。

（4）默认导出影片中包含的视频和音频。如果仅要导出视频或音频，则取消选中"导出音频"或"导出视频"复选框。

（5）设置完成后，在"摘要"区域可以查看视频的输出和源信息。

3. 设置扩展参数

如果要指定编解码器、音视频设置、影片效果或发布方式，则可以设置扩展参数。

扩展参数区域位于导出设置区域下方，如图 5-154 所示。

图 5-153 "预设"下拉列表

图 5-154 扩展参数区域

➢ "效果"选项卡：可以对影片素材进行调色、混合叠加、在素材上叠加显示序列名称和播放时间、更改素材目标持续时间、降低素材的亮度和色度范围、调整素材的响度大小，如图 5-155 所示。

➢ "视频"选项卡：可以设置视频编解码器、视频质量、尺寸、帧速率和长宽比等参数，如图 5-154 所示。在"高级设置"选项区域，还可以设置关键帧和优化静止图像。

➢ "音频"选项卡：可以设置音频编解码器、采样率、声道、比特率等参数，如图 5-156 所示。

➢ "字幕"选项卡：可以设置字幕导出的类型、格式和帧速率，如图 5-157 所示。

➢ "发布"选项卡：可以设置将作品发布到某些平台的路径和账户，如图 5-158 所示。

图 5-155 "效果"选项卡

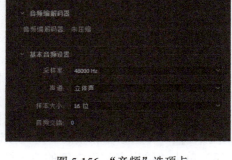

图 5-156 "音频"选项卡

图 5-157 "字幕"选项卡

图 5-158 "发布"选项卡

案例——导出为 MP4 格式

MP4 格式是一种目前非常流行的视频格式,该格式有很高的数据压缩比,可以使导出的视频占用内存更小。凭借其良好的通用性,市面上的视频播放器基本都支持打开 MP4 格式的视频并能流畅播放。

图 5-159 设置导出格式和名称

本案例将项目中的素材序列导出为 MP4 格式的视频文件。

(1)打开项目"旅拍视频.prproj"。

(2)在菜单栏选择"文件"|"导出"|"媒体"命令,打开"导出设置"对话框,格式选择 H.264,预设选择高品质 720p HD,然后修改输出名称和保存路径,如图 5-159 所示。

(3)在扩展参数区域单击"视频"选项卡,展开"基本视频设置"选项,可以修改视频的尺寸和像素长宽比,如图 5-160 所示。

(4)在其他参数区域,选中"使用最高渲染质量"复选框。单击"导出"按钮,弹出"渲染所需音频文件"对话框。音频渲染完成后,弹出编码进度对话框。编码完成后,弹出成功提示对话框。

(5)单击"确定"按钮关闭对话框。切换到视频的导出路径,可以看到导出的视频文件。双击视频文件,在播放器中预览视频效果,如图 5-161 所示。

项目五
视频技术与应用

图 5-160　设置视频参数

图 5-161　在播放器中预览视频

项目总结

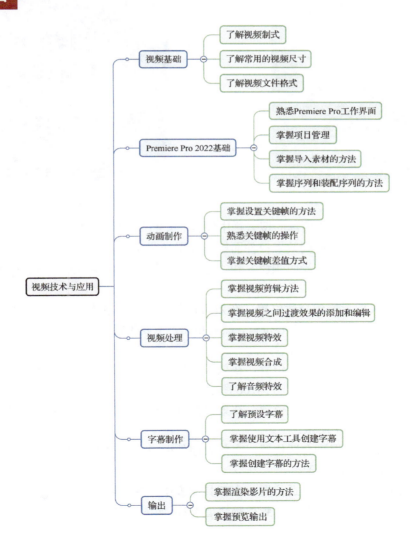

213

项目实战

实战一：演唱会舞台

本实战通过为视频素材设置不透明度、指定光照效果，以及修改四色渐变的混合模式创建关键帧，模拟演唱会舞台的灯光效果。最后为音频添加关键帧，通过在效果图形线上移动关键帧，创建音乐淡入淡出的效果。

（1）使用默认参数新建一个项目"演唱会.prproj"。在项目面板中导入一段乐器演奏的视频素材和一段音频素材，将视频素材拖放到时间轴面板，自动生成序列，如图 5-162 所示。从图中可以看出，本例导入的视频素材包含音频。

（2）将播放指示器移到视频的第 1 帧处，在效果控件面板中设置不透明度为 30%，然后单击"不透明度"左侧的"切换动画"按钮，设置起始关键帧，如图 5-163 所示。

图 5-162　创建序列

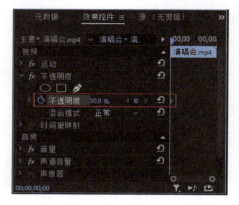

图 5-163　设置起始关键帧

（3）打开效果面板，在顶部的搜索栏中输入"光照"，将视频效果中的"光照效果"拖放到视频素材上。然后切换到效果控件面板，设置光照 1 的类型为点光源，光照颜色为黄色，并单击"光照类型"、"光照颜色"和"中央"左侧的"切换动画"按钮设置属性关键帧，如图 5-164 所示。

（4）移动播放指示器到合适位置，在效果控件面板中设置不透明度为 100%，光照 1 的类型为全光源，修改光照的中心位置，然后单击"主要半径"左侧的"切换动画"按钮设置属性关键帧，如图 5-165 所示。

（5）移动播放指示器到合适位置，在效果控件面板中修改光照 1 的颜色、中央位置和主要半径，添加属性关键帧，如图 5-166 所示。

（6）移动播放指示器到合适位置，在效果控件面板中修改光照 1 的颜色和中央位置，设置关键帧，如图 5-167 所示。

（7）移动播放指示器到合适位置，在效果控件面板中修改光照 1 的颜色和中央位置，设置关键帧，如图 5-168 所示。

（8）移动播放指示器到合适位置，在工具面板中选择"剃刀工具"分割视频素材，然后将分割点右侧的素材片断拖动到视频轨道 V2，如图 5-169 所示。

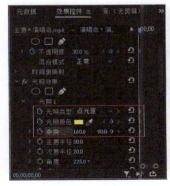 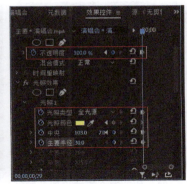 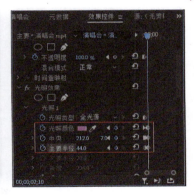

图 5-164　设置光照效果　　图 5-165　修改不透明度和光照效果　　图 5-166　修改光照效果

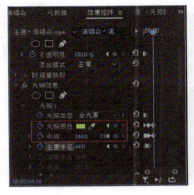 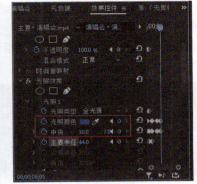 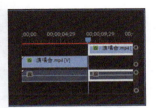

图 5-167　修改光照　　图 5-168　修改光照颜色和中央位置　　图 5-169　分割素材并移动

（9）选中第二段视频素材，在效果控件面板中修改不透明度为60%。单击"光照效果"左侧的"切换效果开关"按钮 fx，禁用光照效果。将效果"四色渐变"拖放到素材上，设置混合模式为"叠加"，单击"切换动画"按钮 设置关键帧，如图5-170所示。

（10）移动播放指示器到合适位置，在效果控件面板中修改不透明度为100%，设置四色渐变的混合模式为"柔光"，设置关键帧，如图5-171所示。

（11）按照同样的方法，在不同的时间点修改四色渐变的混合模式，设置关键帧，如图5-172和图5-173所示。

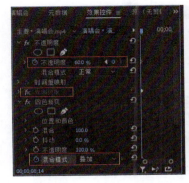  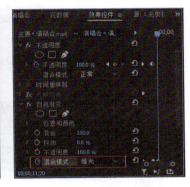

图 5-170　设置四色渐变效果参数　　图 5-171　修改混合模式　　图 5-172　修改混合模式设置关键帧

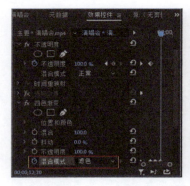  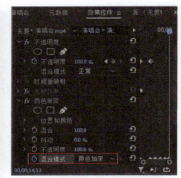

图 5-173 修改混合模式设置关键帧

接下来为动画配乐。

（12）在项目面板中将导入的音频素材拖放到音频轨道 A2，使用"剃刀工具" 分割音频素材，并删除多余的素材片断，如图 5-174 所示。

（13）展开 A2 轨道，显示关键帧控件，分别将播放指示器移到音频的起始帧和结束帧位置，单击"添加-移除关键帧"按钮 添加起止关键帧，如图 5-175 所示。

图 5-174 剪辑音频素材　　　　图 5-175 添加起止关键帧

（14）分别将播放指示器拖放到起始帧后第 2 秒位置和结束帧前第 2 秒的位置，单击"添加-移除关键帧"按钮 添加关键帧，如图 5-176 所示。

图 5-176 添加关键帧

（15）分别按住起始关键帧和结束关键帧向下拖曳，设置起始帧和结束帧的音量，如图 5-177 所示。

图 5-177 拖动关键帧设置起止音量

至此，案例制作完成。按键盘上的空格键，即可预览动画效果。

实战二：魔幻戒指

本实战利用旧版标题工具制作弧形文字，然后为字幕素材添加关键帧，实现文字忽明忽暗的效果。

（1）新建一个项目，导入一幅戒指素材，将素材拖放到时间轴面板上创建序列，如图 5-178 所示。

（2）选择"文件"|"新建"|"旧版标题"命令，打开"新建字幕"对话框，单击"确定"按钮进入字幕设计窗口。使用"路径文字工具"按钮 ，沿戒指表面绘制一条弧形路径，如图 5-179 所示。

图 5-178　初始素材

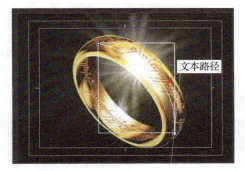

图 5-179　绘制文本路径

（3）选择"文本工具" ，在路径上单击，输入文字"One Ring"。然后设置文本的字号、填充颜色和描边样式，如图 5-180 所示。

（4）关闭字幕设计窗口，在项目面板中将字幕素材拖放到视频轨道上，如图 5-181 所示。

图 5-180　输入文本并设置属性

图 5-181　添加字幕的效果

（5）选中字幕，将播放指示器拖放到第 1 帧位置，添加不透明度关键帧，不透明度值为 0%，如图 5-182（a）所示。移动播放指示器到合适位置，设置不透明度值为 100%，如图 5-182（b）所示。在字幕的出点处设置不透明度值为 0%。

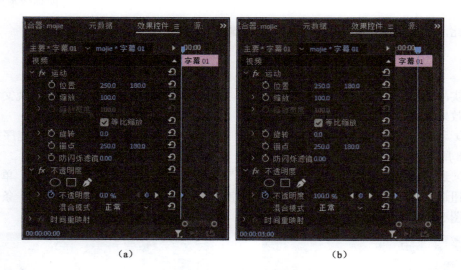

图 5-182 为字幕设置关键帧

（6）将播放指示器拖放到时间轴的起始处，单击预览面板中的"播放—停止切换"按钮 ▶，预览动画效果，如图 5-183 所示。

图 5-183 预览动画效果

反侵权盗版声明

  电子工业出版社依法对本作品享有专有出版权。任何未经权利人书面许可，复制、销售或通过信息网络传播本作品的行为，歪曲、篡改、剽窃本作品的行为，均违反《中华人民共和国著作权法》，其行为人应承担相应的民事责任和行政责任，构成犯罪的，将被依法追究刑事责任。

  为了维护市场秩序，保护权利人的合法权益，我社将依法查处和打击侵权盗版的单位和个人。欢迎社会各界人士积极举报侵权盗版行为，本社将奖励举报有功人员，并保证举报人的信息不被泄露。

举报电话：（010）88254396；（010）88258888

传　　真：（010）88254397

E-mail：　dbqq@phei.com.cn

通信地址：北京市海淀区万寿路 173 信箱
　　　　　电子工业出版社总编办公室

邮　　编：100036